110kV 智能变电站继电保护二次回路详解

陈锡磊 编著

中国电力出版社
CHINA ELECTRIC POWER PRESS

内 容 提 要

本书针对 110kV 智能变电站继电保护二次回路相关问题，参照工程现场实际图纸和 SCD 文件，选择典型的继电保护二次电缆回路和虚回路，如电压电流回路、控制回路、主变保护回路、备自投回路等，结合继电保护检修和二次回路验收工作，详细分析其技术要点、难点，帮助继电保护专业人员深入了解、掌握 110kV 智能变电站的继电保护二次回路的相关知识。

本书可供电力系统继电保护从业人员，特别是运维、检修人员学习参考，也可作为继电保护二次回路方面的培训教材。

图书在版编目（CIP）数据

110kV 智能变电站继电保护二次回路详解/陈锡磊编著．—北京：中国电力出版社，2024.3（2025.7重印）

ISBN 978-7-5198-8445-1

Ⅰ.①1… Ⅱ.①陈… Ⅲ.①智能系统－变电所－继电保护－二次系统 Ⅳ.①TM63

中国国家版本馆 CIP 数据核字（2023）第 244458 号

出版发行：中国电力出版社
地　　址：北京市东城区北京站西街 19 号（邮政编码 100005）
网　　址：http://www.cepp.sgcc.com.cn
责任编辑：王蔓莉（010-63412791）
责任校对：黄　蓓　朱丽芳
装帧设计：赵丽媛
责任印制：石　雷

印　　刷：北京天宇星印刷厂
版　　次：2024 年 3 月第一版
印　　次：2025 年 7 月北京第三次印刷
开　　本：710 毫米×1000 毫米　16 开本
印　　张：8.75
字　　数：155 千字
定　　价：48.00 元

版 权 专 有　侵 权 必 究

本书如有印装质量问题，我社营销中心负责退换

前 言

继电保护是保障电力系统安全稳定运行的第一道防线,二次回路作为继电保护的重要组成部分,直接影响继电保护装置动作的正确性。智能变电站作为智能电网的核心组成部分,在信息交互方式上与传统综合自动化变电站存在很大差异。智能变电站继电保护二次回路大量采用光纤,将传统的控制电缆回路变成了光纤回路中看不见、摸不着的虚回路,这给继电保护相关人员学习、掌握智能变电站继电保护二次回路增加了难度。

本书参照现行智能变电站技术规程,结合作者长期的现场生产和培训教学经验,总结梳理浙江地区在 110kV 智能变电站继电保护二次回路设计、运维、检修和验收中的经验成果,深入阐述 110kV 智能变电站继电保护相关二次回路的原理、特点及值得探讨的问题。全书共分为五章,第一章介绍 110kV 智能变电站的基本原理,包括变电站的结构组成、运行模式、主要设备及功能等方面。第二章主要介绍 110kV 智能变电站典型的二次电缆回路,详细介绍了保护电流回路、保护电压回路等重要回路的设计原理。第三章详细介绍 110kV 智能变电站中主变电气量保护、备用电源自动投入、110kV 线路保护等典型虚回路信息流及其原理。第四章介绍 110kV 智能变电站检修安全技术措施,包括检修机制及详细的继电保护工作安全措施。第五章介绍 110kV 智能变电站继电保护及相关二次回路竣工验收要点。

郑建梓高级工程师、蔡杭谊高级工程师、叶汉铮工程师审阅了全书,并提出了很多宝贵意见,在此表示由衷的感谢。

限于编者水平,书中难免存在疏漏和不足之处,恳请读者不吝指正。

编者

2023 年 11 月

目 录

前言

第一章　110kV 智能变电站继电保护概述 ………………………………… 1

第一节　智能变电站继电保护技术 ……………………………………… 1
第二节　继电保护典型配置方案 ………………………………………… 8
第三节　主要智能设备及配置模式 ……………………………………… 12
第四节　基本网络结构与典型组网方式 ………………………………… 19

第二章　110kV 智能变电站典型二次电缆回路 …………………………… 23

第一节　保护电流回路 …………………………………………………… 23
第二节　保护电压回路 …………………………………………………… 26
第三节　10kV 电压并列及控制回路 …………………………………… 32
第四节　断路器合智装置控制回路及相关信号 ………………………… 36
第五节　变压器非电量保护二次回路 …………………………………… 43
第六节　断路器机构防跳回路 …………………………………………… 53

第三章　110kV 智能变电站继电保护典型虚回路 ………………………… 58

第一节　光纤二次回路 …………………………………………………… 58
第二节　110kV 主变压器电气量保护虚回路 …………………………… 62
第三节　110kV 备自投虚回路 …………………………………………… 68
第四节　110kV 线路保护虚回路 ………………………………………… 76
第五节　110kV 母分保护虚回路 ………………………………………… 81
第六节　10kV 母分备自投虚回路 ……………………………………… 82
第七节　10kV 母分保护虚回路 ………………………………………… 86

第八节　110kV 母线电压并列回路 ………………………………… 88

第四章　110kV 智能变电站检修安全技术措施 ……………………… 93

第一节　安全隔离技术措施 …………………………………………… 93
第二节　智能变电站检修机制 ………………………………………… 96
第三节　典型安全技术措施实施 ……………………………………… 99

第五章　110kV 智能变电站二次回路竣工验收要点 ………………… 111

第一节　二次回路通流、通压试验 …………………………………… 111
第二节　电压并列功能验收 …………………………………………… 115
第三节　继电保护二次回路验收 ……………………………………… 118
第四节　其他保护相关回路验收 ……………………………………… 128
第五节　断路器防跳功能验收 ………………………………………… 130

第一章　110kV 智能变电站继电保护概述

　　智能变电站是指采用先进、可靠、集成、低碳、环保的智能设备，以全站信息数字化、通信平台网络化、信息共享标准化为基本要求，自动完成信息采集、测量、控制、保护、计量和监测等基本功能，并可根据需要，能实现电网实时自动控制、智能调节、在线分析决策、协同互动等高级功能的变电站。

　　本章依托当前浙江电网 110kV 智能变电站的工程应用实际，对智能变电站继电保护相关的原理、技术特点、智能设备配置模式和网络结构进行介绍。

第一节　智能变电站继电保护技术

一、智能变电站继电保护技术特点

　　与传统综合自动化变电站相比，智能变电站在实现模式上呈现出一次设备智能化、二次设备网络化、数据平台标准化的技术特点，图 1-1 为传统综合自动化变电站和智能变电站在实现模式上的比较。

　　两者在继电保护技术上的直接差异主要体现在以下 5 个方面：

　　（1）智能变电站引入了合并单元和智能终端。合并单元和智能终端是当前智能变电站的标志性智能设备，通过"合并单元+常规互感器"的结合，实现了采样的共享化，通过"智能终端+常规一次设备"的结合，实现了一次设备的初步智能化。

　　（2）继电保护装置硬件结构改变。传统综合自动化变电站的常规继电保护装置通过二次电缆直接从常规互感器接入模拟量的电压电流，通过二次电缆接入断路器控制回路实现保护跳、合闸功能。智能变电站中合并单元和智能终端的引入，改变了继电保护装置的硬件结构及其回路实现方式。合并单元实现模拟量的采样，使保护装置不仅取消了电压、电流的采样输入端子，同时也取消了 A/D 转换模块，消除了电流回路开路、电压回路短路的风险；智能终端实现一次设备的开入和开出，使得保护装置取消了相应的开入、开出插件和回路硬压板。智能保护装置采用光纤接入合并单元获取采样值信息，接入智能终端实现开入、开出，因此装置硬件背板上的端口从一排排的电缆接线端子变成了一个个的光纤接口，图 1-2 为某常规保护装置的背板端口示意图，图 1-3 为某智能保护装置的背板端口示意图。

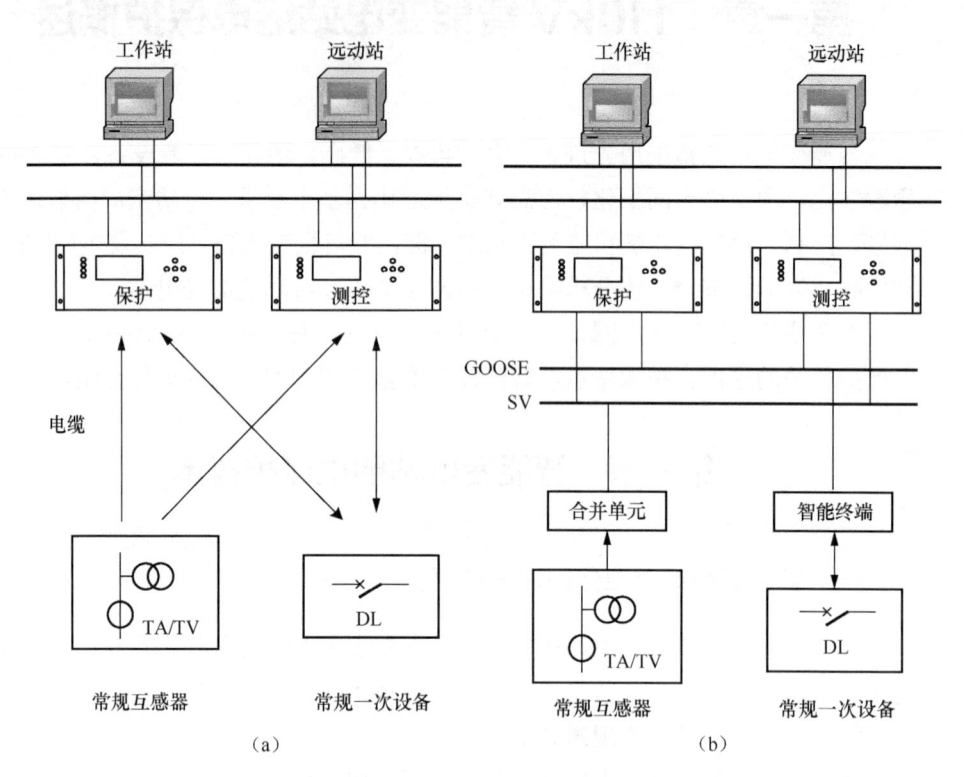

图 1-1 传统综合自动化变电站和智能变电站的实现模式
（a）传统综合自动化变电站；（b）智能变电站

（3）二次回路的电缆被光纤取代。传统综合自动化变电站内的电压电流采样回路、控制回路、信号回路等均由二次电缆实现，一根电缆回路只能传输一个电信号，变电站内需要采用大量的二次电缆来实现信息交互。在智能变电站中大部分二次电缆被光纤取代，在一根光纤中可以同时传输多路光信号，省去了复杂的二次电缆回路。图 1-4 为智能装置之间的光纤回路连接示意图，智能装置由背板插件上的输入输出光口（TX 为发送口，RX 为接收口）通过光纤跳线接入本间隔的光纤配线架，不同间隔之间的光纤配线架通过光缆连接，最终构成了智能装置之间的物理光纤回路。

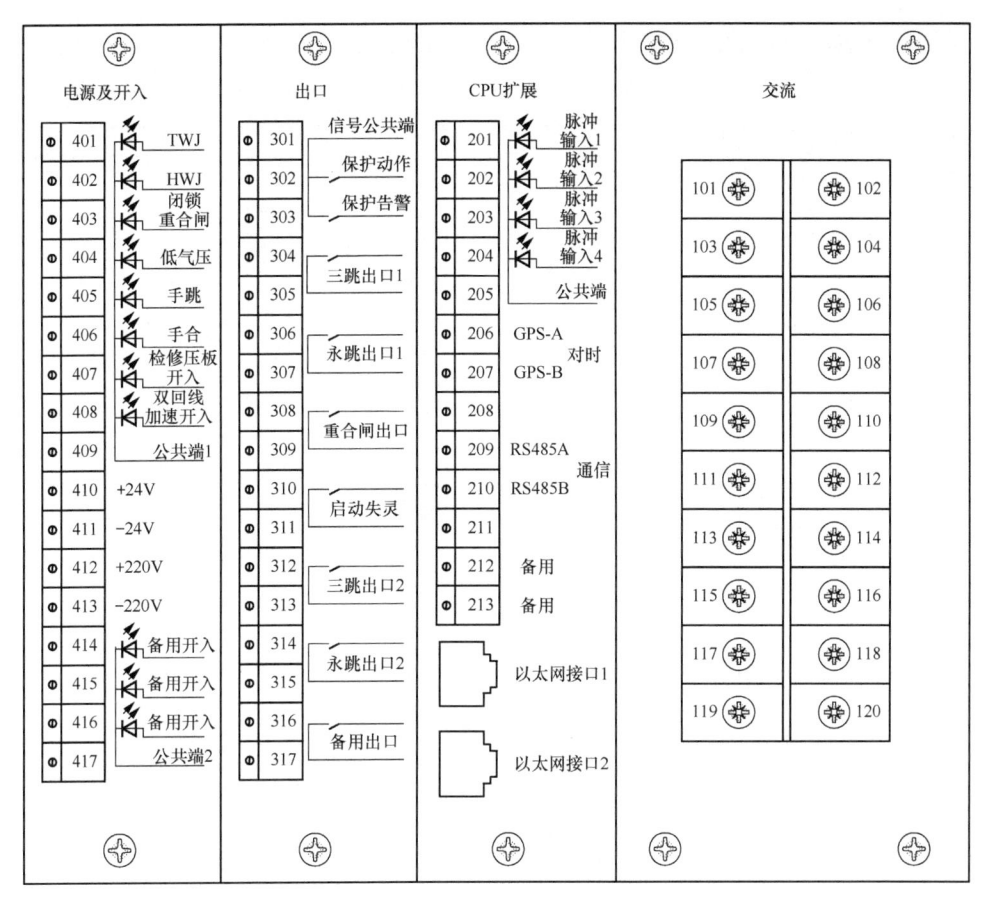

电源及开入		出口		CPU扩展		交流	
401 TWJ		301 信号公共端		201 脉冲输入1		101	102
402 HWJ		302 保护动作		202 脉冲输入2		103	104
403 闭锁重合闸		303 保护告警		203 脉冲输入3		105	106
404 低气压		304 三跳出口1		204 脉冲输入4		107	108
405 手跳		305		205 公共端		109	110
406 手合		306 永跳出口1		206 GPS-A 对时		111	112
407 检修压板开入		307		207 GPS-B		113	114
408 双回线加速开入		308 重合闸出口		208		115	116
409 公共端1		309		209 RS485A 通信		117	118
410 +24V		310 启动失灵		210 RS485B		119	120
411 -24V		311		211			
412 +220V		312 三跳出口2		212 备用			
413 -220V		313		213 备用			
414 备用开入		314 永跳出口2		以太网接口1			
415 备用开入		315					
416 备用开入		316 备用出口		以太网接口2			
417 公共端2		317					

图1-2 常规保护装置背板端口

（4）虚端子、虚回路和信息流。常规保护装置通过屏柜上的实端子及其之间的二次电缆实现设备间的信息交互，如图1-5所示。这种实端子和实回路清晰明确，非常直观。

智能设备之间的信息交互是基于物理光纤回路连接及光纤中传输的面向对象的变电站事件（Generic Object Oriented Substation Event，GOOSE）和采样值（Sample Value，SV）报文实现的。GOOSE和SV传输的信号在逻辑意义上与传统屏柜端子之间传递的信号基本一致，为了形象地理解和运用这些逻辑信号及其回路，把GOOSE和SV信号的逻辑连接点称为"虚端子"，把虚端子连线后形成的回路称为"虚回路"，如图1-6所示，并把虚回路中传递的有方向的信息称为"信息流"。因此，虚回路表示的是智能设备之间信息交互的逻辑关系，是承载信息流的逻辑通道，其起点和终点就是虚端子。其中，GOOSE虚回路相当于保护装置原理图，反映的是智能设备之间的逻辑配合关系；SV虚回路相当于电压、电流回路图，反映的是装置之间电压、电流回路的逻辑连接。

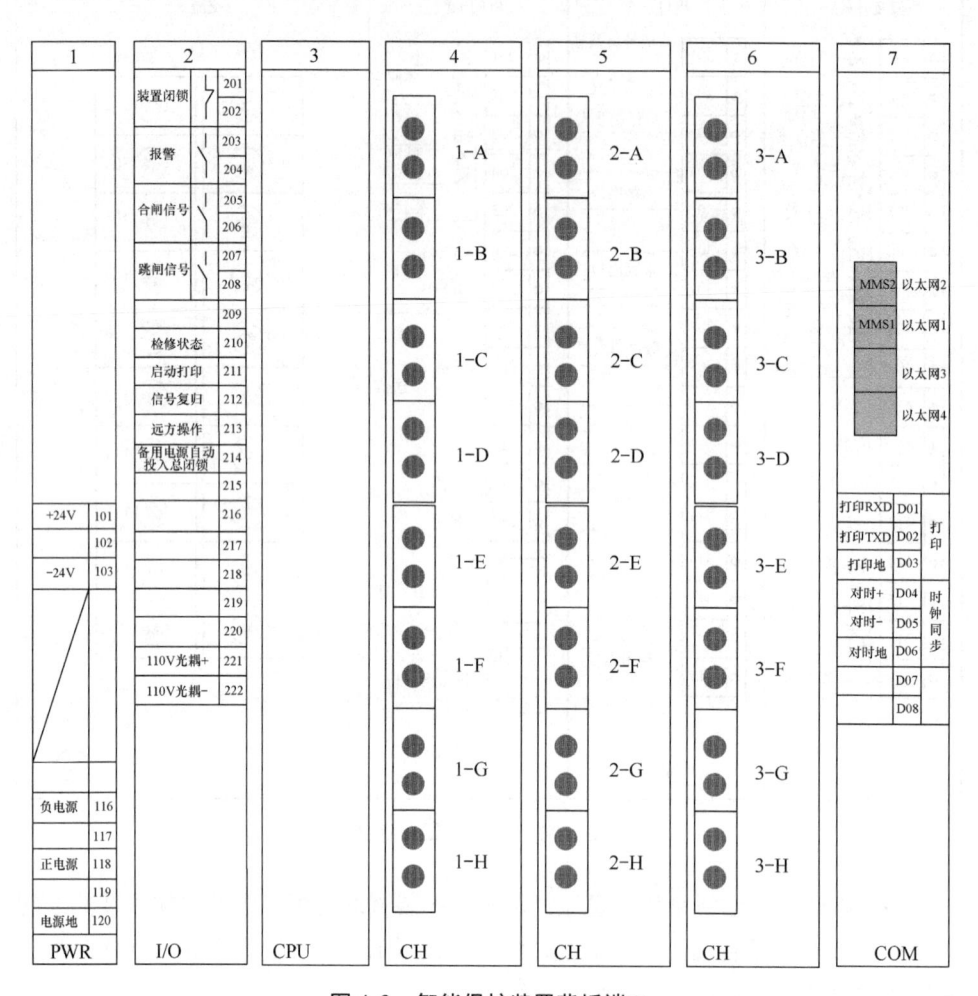

图 1-3　智能保护装置背板端口

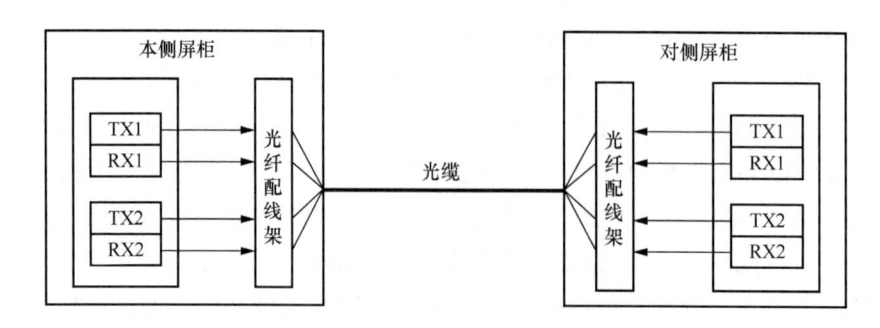

图 1-4　智能装置之间的光纤回路连接示意图

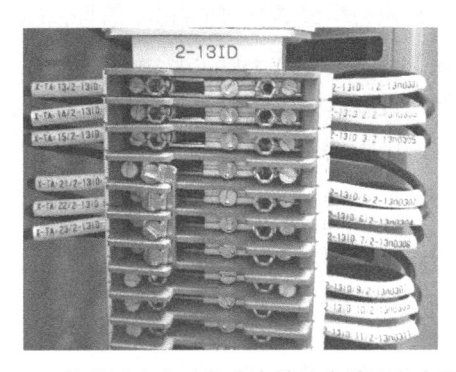

图 1-5 传统综合自动化变电站的实端子和实回路

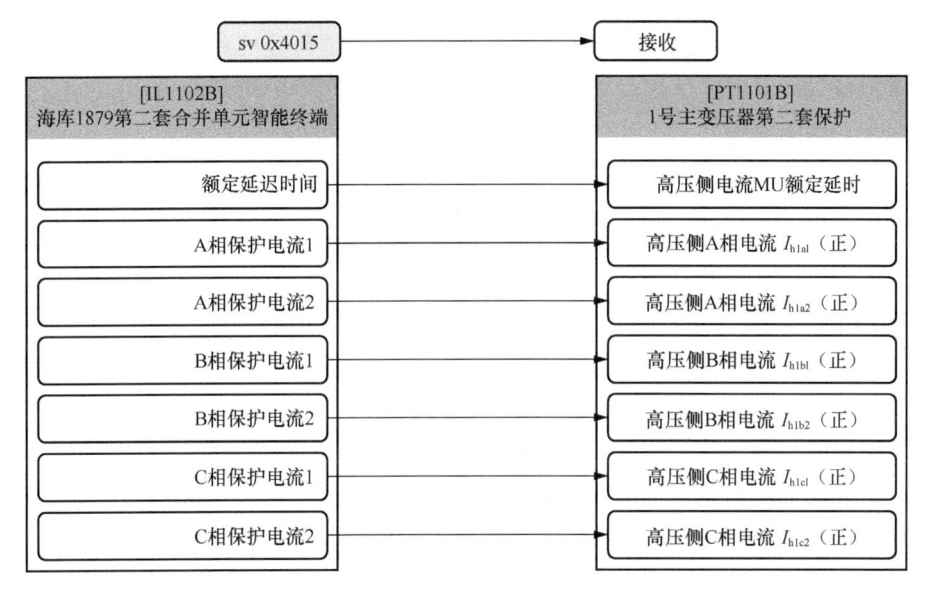

图 1-6 智能变电站的虚端子和虚回路

（5）软压板取代硬压板。传统综合自动化变电站的继电保护屏上有大量串接在二次电缆回路中的功能硬压板和出口硬压板，通过操作这些硬压板可以实现相应功能和出口回路的投退。智能变电站继电保护采用光纤回路后，这些硬压板都被实现程序逻辑控制的软压板取代，保护屏上只剩下"检修压板"和"远方操作压板"两块硬压板。

智能化保护装置设置 GOOSE 发送软压板，保护输出信号由保护动作信号和 GOOSE 发送软压板共同决定，当退出 GOOSE 发送软压板时，不向其他装置发送相应的保护指令。通过改变该软压板状态便可以实现其中一路输出信号的通断，从逻辑功能上实现传统保护出口硬压板的通断功能。GOOSE 接收软压板负责控制本装置接收来自其他智能装置的 GOOSE 信号，GOOSE 接收软压板退出时，本装置对其他装置发送来的相应 GOOSE 信号不做逻辑处理。

保护装置按合并单元设置 SV 接收软压板，负责控制本装置接收来自合并单元的采样值信息。当 SV 接收软压板退出时，相应采样值显示为 0，不参与保护逻辑运算。

二、智能变电站继电保护相关的其他概念

智能变电站引入了很多全新的术语，为了更好地理解智能变电站继电保护相关技术和原理，整理了部分需要关注的概念。

（1）GOOSE 是一种面向对象的变电站事件，主要用于智能设备之间快速可靠地进行信息传递，包括跳合闸命令、断路器位置信号及部分对实时性要求不高的模拟量等，具有高传输成功率。在智能变电站应用中，可以简单理解为用于实现开入、开出功能。

（2）SV：采样值数字化传输信息基于发布/订阅机制，交换采样数据集中的采样值的相关模型对象和服务。在智能变电站应用中，可以理解为用于实现互感器二次侧电压、电流的采样功能。

（3）制造报文规范（Manufacturing Message Specification，MMS）是 ISO/IEC 9506 标准所定义的一套用于工业控制系统的通信协议。MMS 规范了工业领域具有通信能力的智能传感器、智能电子设备、智能控制设备的通信行为，使出自不同制造商的设备之间具有互操作性。

智能变电站继电保护装置与站控层的信息交互采用 DL/T 860（IEC 61850）标准，通过 MMS 报文进行站控层与间隔层之间的客户端/服务器端服务通信，传输带时标信号（SOE）、测量值、定值、控制等总传输时间要求不高的信息。

（4）SCD（Substation Configuration Description）和可视化。SCD 为全站系统配置文件，描述所有智能设备的实例配置、通信参数，以及智能设备之间的通信配置和变电站一次系统结构。SCD 文件是智能变电站继电保护的核心内容之一，SCD 文件配置是否正确、有无变动，直接影响继电保护功能的正确性。目前工程中由系统集成厂商使用组态工具，汇总变电站全部智能设备的模型文件，完成通信参数的分配和智能设备实例化命名，依据虚端子连线的设计要求配置 SCD 虚回路，最终完成 SCD 的制作。SCD 文件应包含版本修改信息，明确描述修改时间、修改版本号等内容，必须全站唯一。

虚回路可视化技术通过可视化软件将过程层 SV、GOOSE 报文间抽象的数据发布/订阅关系以图形化界面的形式清晰地展示给工程技术人员，以直观地对虚回

路进行逻辑检查和审核，对智能变电站调试、验收、运维、检修都具有重要意义。图 1-6 为可视化软件展示的某装置部分 SV 采样虚回路。

（5）直采直跳。直接采样（直采）是指智能设备间不经过交换机，而以点对点连接方式直接进行采样值传输；直接跳闸（直跳）是指智能设备间不经过交换机，而以点对点连接方式直接进行跳合闸信号的传输。直采直跳的方式不经过交换机，信号传输延时稳定，保护可靠性高。Q/GDW 441—2010《智能变电站继电保护技术规范》等相关的规程规范均要求保护采用直采直跳的模式，因此 110kV 智能变电站的继电保护相关二次回路，都采用直采直跳的模式。

（6）双 A/D 采样。合并单元通过两个 A/D 通道同时对采样进来的模拟量进行数据转换，转换结果一路为 IA1、IB1、IC1，另一路为 IA2、IB2、IC2，两路 A/D 通道输出的结果完全独立。同时，保护装置按照双 CPU 设计，分别接收来自合并单元 A/D1 和 A/D2 的两路数据，体现在虚回路上，就是对于同一个采样量，合并单元与保护装置之间有两路采样虚回路，如图 1-7 所示。

双 A/D 结构是防止合并单元异常大数的有效措施之一。双 A/D 输出的数据会同时参与逻辑运算，相互校验，当两者不一致时会发出告警，闭锁相关保护。如果采用单 A/D 结构，采样回路出错后，保护启动和动作逻辑运算均同时满足，容易导致保护误动。

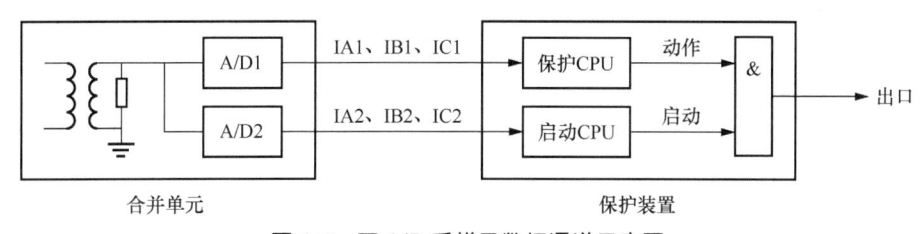

图 1-7 双 A/D 采样及数据通道示意图

（7）检修压板。传统综合自动化变电站保护装置和测控装置的检修压板在装置进行检修试验时起到屏蔽软报文和闭锁遥控的作用，不影响保护正常动作。智能变电站保护装置的检修压板作用是将检修设备与运行设备可靠逻辑隔离，检修压板投入时，相应装置发出的 SV、GOOSE 报文均会带有检修品质标识，接收设备将接收的报文与本装置检修压板状态进行一致性比较判断，如果两侧装置检修状态一致，对此报文做有效处理，否则做无效处理，不参与逻辑运算。

（8）额定延时。采样延时是指合并单元从电流或电压模拟量输入的时刻到数字信号发送时刻的时间间隔，对于"常规互感器+合并单元"的模式来说，采样延时主要是由合并单元自身数据处理产生的。合并单元必须计算出采样值从模拟量输入到其输出数字量给保护装置整个过程的时间,并以"额定延时"的名称通过采样数据集的一个数据通道(一般为第一路通道)传输给保护装置。保护装置据此将采样值还原到一次系统采样值发生的真实时刻,以实现不同间隔采样值的同步。

第二节 继电保护典型配置方案

正确合理地进行二次回路设计与接线是为了实现变电站继电保护的各项具体功能,本节介绍当前 110kV 智能变电站最普遍的一次主接线形式和典型的继电保护配置方案,作为介绍智能变电站典型二次回路的基础。

一、110kV 智能变电站典型主接线

目前,新建 110kV 智能变电站均为两台双绕组主变压器配置,其中 110kV 侧采用内桥接线,10kV 侧为单母线分段接线,其中 10kV Ⅱ 段母线分为Ⅱ甲和Ⅱ乙两个分段,两分段母线之间采用硬母线形成物理连接。110kV 进线侧一般不配置线路电压互感器,一次设备典型主接线如图 1-8 所示。

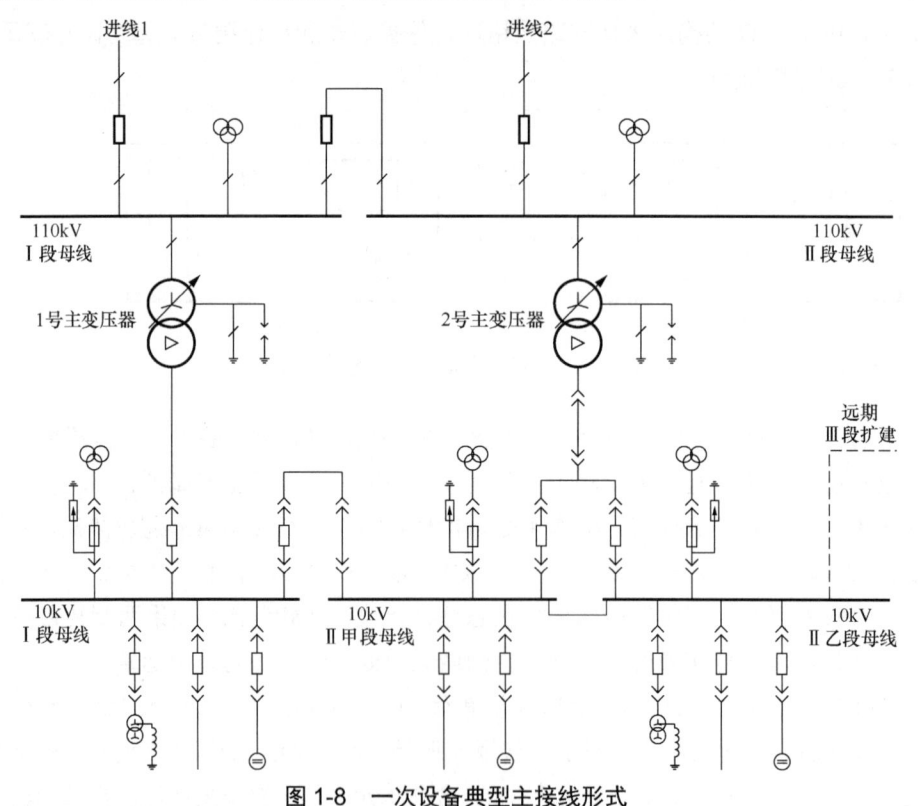

图 1-8 一次设备典型主接线形式

二、继电保护典型配置方案

图 1-8 所示的 110kV 智能变电站为终端负荷变电站,低压侧没有小电源接入电网,本小节以此为例详细介绍变电站内的继电保护典型配置方案。

1. 主变压器保护

每台 110kV 主变压器配置两套完整的主后备一体化电气量保护和一套非电量保护,每套电气量保护采集主变压器各侧电流、中性点电流和高低压两侧母线电压;非电量保护完成对主变压器本体和有载调压开关的保护,在智能变电站中其与主变压器本体智能终端集成设计,就地布置在主变压器本体汇控柜内。

(1)电气量保护。110kV 变压器电气量保护主要有主变压器差动保护、高压侧复压闭锁过流保护、低压侧复压闭锁过流保护和其他保护。

1)主变压器差动保护:差动保护作为变压器绕组内部及其引出线上故障的主保护,主要功能包括差动速断保护和比率制动纵差保护,前者不经任何制动和闭锁,差流达到定值即动作;后者经过励磁涌流和电流互感器饱和闭锁,在发生区外故障时通过电流制动特性来防止保护误动。110kV 主变压器差动保护动作后瞬时跳主变压器各侧断路器并闭锁高压侧备自投。

2)高压侧复压闭锁过流保护:高压侧复压过流保护是主变压器内部故障和低压侧母线或出线故障的总后备保护,复合电压由负序电压与低电压两部分构成,负序电压反映系统不对称故障,低电压反映对称故障。电压元件取主变压器各侧电压,组成"或"的逻辑,其中一侧电压满足条件即开放复压闭锁。高压侧复压过流保护动作后跳主变压器各侧断路器并闭锁高压侧备自投。

3)低压侧复压闭锁过流保护:低压侧后备保护取主变压器低压侧电流和本段母线电压,保护共配置两段:①Ⅰ段为限时电流速断保护,作为本侧母线故障主保护,动作后第一时限跳 10kV 母分断路器,第二时限跳主变压器 10kV 断路器并闭锁 10kV 母分备自投,第三时限跳主变压器各侧断路器并闭锁高压侧备自投;②Ⅱ段为复压闭锁过流保护,作为 10kV 出线末端故障的远后备保护,动作后第一时限跳 10kV 母分断路器,第二时限跳主变压器 10kV 断路器并闭锁 10kV 母分备自投。

4)其他保护:高压侧中性点零序电流保护是变压器中性点接地运行时接地故障的后备保护,间隙保护用来保护中性点装有放电间隙的变压器,当低压侧没有小电源并网时,中性点零序电流保护和间隙保护一般都不投入。

(2)非电量保护。110kV 变压器的非电量保护主要有本体重瓦斯、本体轻瓦斯、本体压力释放、有载调压重瓦斯、有载调压压力释放等。智能变电站非电量保护集成在变压器本体智能终端里，就地直接采集主变压器的非电气量信号，当本体或有载重瓦斯动作后，直接通过二次电缆跳开主变压器各侧断路器并闭锁高压侧备自投，并由主变压器本体智能终端上传非电量保护动作报文。

表 1-1 为 110kV 主变压器保护的典型动作逻辑。

表 1-1　　　　　　110kV 主变压器保护典型动作逻辑

保护配置		时限（s）	动作逻辑
差动保护、非电量保护		瞬时	跳主变压器各侧断路器、闭锁 110kV 备自投
高后备保护		1.7	跳主变压器各侧断路器、闭锁 110kV 备自投
低后备保护	Ⅰ段限时速断	0.8	跳 10kV Ⅰ、Ⅱ段母分断路器
		1.1	跳主变压器 10kV 断路器、闭锁 10kV 母分备自投
		1.7	跳主变压器各侧断路器、闭锁 110kV 备自投
	Ⅱ段复压过流	1.1	跳 10kV Ⅰ、Ⅱ段母分断路器
		1.4	跳主变压器 10kV 断路器、闭锁 10kV 母分备自投

2. 110kV 备自投

备用电源自动投入（简称备自投）装置是提高 110kV 终端内桥变电站供电可靠性的重要设备。在变电站中 110kV 备自投单套配置，作为综合备自投使用，自适应进线备自投方式（方式一和方式二）和母分备自投方式（方式三和方式四）。

备自投引入两段母线电压，用于母线有压、无压判别，为了防止母线电压互感器三相断线后造成备自投装置误动作，也为了更好地确认进线断路器已断开，从进线断路器各引入了一相电流作为进线有流判据。备自投引入进线断路器和母分断路器的位置，作为系统运行方式判别，引入闭锁开入量和手分闭锁信号，以便主变压器保护动作时或手分（遥分）断路器时闭锁备自投。

根据 Q/GDW 10766—2024《10kV～110（66）kV 线路保护及辅助装置标准化设计规范》❶要求，内桥接线变电站的备自投动作逻辑如下：

（1）进线备自投方式。以备自投方式一为例说明进线备自投的动作逻辑，见图 1-9：

1）110kV 两段母线均失压、工作进线无流，且无其他闭锁信号，备自投延时跳工作进线断路器 1DL，确认 1DL 跳开后，延时合备用进线断路器 2DL。

2）若母分断路器 3DL 偷跳，且Ⅱ母无压，备自投经延时补跳 3DL，确认 3DL 跳开后，延时合 2DL。

---

❶ Q/GDW 10766—2024《10kV～110（66）kV 线路保护及辅助装置标准化设计规范》和 Q/GDW 10767—2015《10kV～110（66）kV 元件保护及辅助装置标准化设计规范》为国家电网公司标准化设计规范，本书中统称为"九统一"设计规范。

3）若 1 号变压器保护动作跳 1DL 和 3DL 时，备自投经延时补跳 3DL，确认 3DL 跳开后，延时合 2DL。若 2 号变压器保护动作则闭锁备自投。

其中，动作逻辑 2）和 3）是"九统一"设计规范对进线备自投动作策略进行的两项优化，2）是为了在母分断路器偷跳后通过备自投恢复对失压母线的供电，3）是为了防止主变压器保护动作后母分断路器未跳开使得备自投合于故障点，扩大事故范围。为了适应这两项逻辑的改进需求，备自投装置需相应增加跳母分断路器的二次回路。

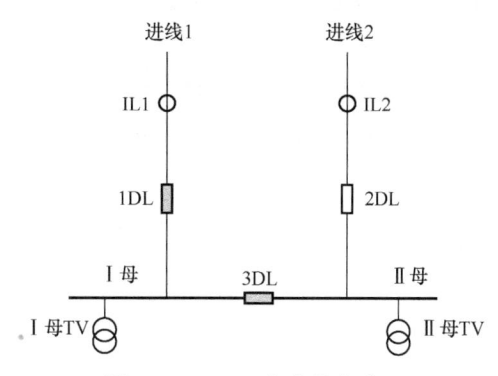

图 1-9　110kV 备自投方式一

（2）母分备自投方式。以备自投方式三为例说明母分备自投的动作逻辑，见图 1-10：

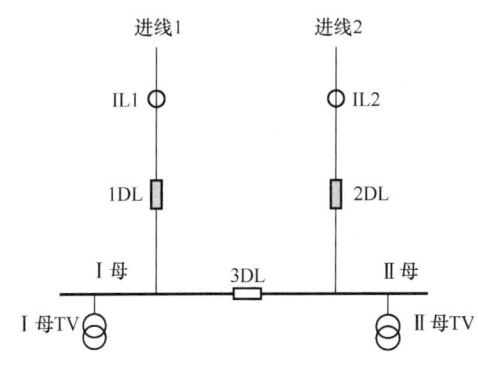

图 1-10　110kV 备自投方式三

110kV Ⅰ 段母线失压、工作进线无流且 Ⅱ 母有压，无其他闭锁信号，延时跳进线断路器 1DL，确认 1DL 跳开后，延时合 3DL。

若任意一台主变压器保护动作，闭锁母分备自投。

3. 110kV 线路保护

110kV 终端负荷站一般不配置线路保护，当具有负荷转供功能时可在转供线路上配置阶段式距离保护和零序电流保护。随着新能源并网电厂的增多，部分 110kV 变电站配置了全线速动纵差保护。

110kV 线路保护单套配置，当主变压器保护或备自投动作跳开进线断路器后应具有防止线路保护重合闸动作再次将断路器合上的措施。

4. 110kV 母分过流保护

110kV 母分过流保护采用保护测控一体化装置，单套配置，目前主要有两个功能：①作为母线或其他新设备投运时的充电保护，动作跳开 110kV 母分断路器，正常运行时该功能退出；②在电网运行方式调整时投入过流保护功能，当 110kV 两条进线合环过程中的合环电流过大时，动作跳开预定解环的断路器，该保护功能正常运行时处于信号状态，在合环操作前后投退需解列断路器相应的出口压板。

5. 10kV 母分备自投

在当前的 110kV 智能变电站中，10kV 备自投和 110kV 备自投在原理上基本相同，区别在于 10kV 备自投只作为母分备自投方式使用，即只投入备自投方式三和方式四，因此备自投只需要接入跳主变压器 10kV 断路器与合 10kV 母分断路器的回路，而不需要接入跳 10kV 母分断路器与合主变压器 10kV 断路器的回路。

6. 10kV 母分过流保护

10kV 母分过流保护采用保护测控一体化装置，并集成断路器控制回路，单套配置。其通过传统二次电缆方式获取母分断路器电流，保护动作后通过自带的控制回路实现跳闸，也就是说 10kV 母分保护自身是常规保护。

在智能变电站中，各主变压器电气量保护跳 10kV 母分断路器及 10kV 母分备自投合母分断路器的回路均通过 10kV 母分保测装置实现，因此 10kV 母分保测装置必须具备足够的 GOOSE 光口。

7. 其他保护

10kV 侧保护主要为 10kV 线路保护、电容器保护和站用变压器保护，这些保护都是常规保护装置。

10kV 线路一般配置带三相重合闸的阶段式定时限过流保护，一般还具有低频减载保护功能；10kV 电容器一般配置三相两段式定时限过流保护，以及过电压、低电压、不平衡电压保护；10kV 站用变压器一般配置三相二段式电流保护。

第三节　主要智能设备及配置模式

一、主要智能设备介绍

1. 继电保护装置

智能变电站继电保护装置实现的保护功能与常规保护装置完全一致，但在装置软硬件结构上存在一些区别。智能变电站保护通过合并单元获取采样值信息，通过智能终端实现信号的开入开出，因此保护装置硬件背板上的端口也从电缆接线端子变成了光纤接口。同时，实现程序逻辑控制的 SV 和 GOOSE 软压板也取代了串接在二次电缆回路中的硬压板。此外，智能站保护装置的检修压板将检修设备与运行设备可靠隔离，是智能站继电保护"检修机制"的重要基础，与传统综合自动化变电站中的检修压板作用完全不同。

2. 合并单元

对于目前采用传统电磁式互感器的智能变电站来说，合并单元的作用是对一次互感器传输过来的电压电流量进行 A/D 转换，在完成数据合并和同步处理后，按照规定的数据帧格式输出到过程层网络或相关的智能装置。在110kV智能变电站中，根据功能不同可以分为间隔合并单元和母线合并单元。

（1）间隔合并单元。间隔合并单元直接接入本间隔电流互感器，完成二次电流的采样，本间隔需要的母线电压从母线合并单元级联获得。特别的，主变压器10kV间隔合并单元同时采集本间隔的电流和本段母线的电压。

（2）母线合并单元。母线合并单元采集母线电压，并支持向其他合并单元提供母线电压数据。对于110kV内桥接线的变电站接线形式，110kV母线合并单元同时接入两段母线电压，并通过获取母分断路器、闸刀❶等设备的位置来实现母线电压并列功能。

3. 智能终端

智能终端是实现一次设备就地数字化的智能接口，其通过电缆与一次设备连接，在采集断路器、闸刀、接地闸刀开入信号的同时负责对这些一次设备进行控制。智能终端具备跳合闸自保持功能、控制回路断线监视功能、跳合闸压力告警与闭锁功能，在跳合闸出口回路设置硬压板作为明显断开点。与间隔层的保护、测控装置之间，智能终端采用光纤进行通信，将开入信息进行上传，并接收来自间隔层设备的控制命令。根据控制对象的不同，可以分为三相智能终端和本体智能终端两类。

（1）三相智能终端。110kV及以下断路器均为三相联动机构，三相智能终端实现间隔断路器及相关闸刀的信号采集与控制。

（2）本体智能终端。本体智能终端的控制对象是变压器，用以实现变压器完整的本体信息交互功能（非电量动作报文、调挡及测温等），并可提供用于闭锁调压、启动风冷等出口的接点，同时本体智能终端还具备就地非电量保护功能，所有非电量保护启动信号均应经大功率继电器重动，非电量保护跳闸通过二次电缆以直跳方式实现。

4. 合并单元智能终端集成装置

为进一步实现设备集成和功能整合，降低智能汇控柜布置难度，在110kV及以下电压等级，将合并单元和智能终端按间隔进行集成，形成合并单元智能终端

---

❶ 为贴合现场工作实际，书中的隔离开关用"闸刀"表示。

集成装置，简称合智（一体）装置。合智装置中的合并单元模块和智能终端模块分别为独立的板卡，但共用电源和人机接口，装置配置一块检修硬压板，当检修压板投入时，合智装置整体为检修状态，即合并单元和智能终端在功能上同时处于检修状态。

合智装置与单独的合并单元和智能终端在实现功能上没有区别，但是由于共用了电源模块及检修硬压板，当合智装置自身或与其相关联的装置出现故障时，在现场安全隔离措施的布置上会有所区别。目前，110kV 智能变电站推荐采用合智装置，本书以合智装置的配置方式为基础来介绍 110kV 智能变电站的二次回路。

5. 电子式互感器

电子式互感器是由连接到传输系统和二次转换器的一个或多个电流或电压传感器组成，用以传输正比于被测量的量，供给测量仪器、仪表和继电保护或控制装置。相比于常规互感器，电子式互感器具有绝缘性能优良、无二次开路和短路风险、测量精度高、频率响应范围宽等优点，但也存在稳定性不高等问题，目前工程应用还不成熟，随着相关技术的不断发展进步，电子式互感器在新一代智能变电站中必将得到广泛应用。

6. 网络报文记录分析及故障录波装置

在智能变电站中，传统的电缆硬连接被光纤回路取代，智能设备之间传输交互的是各种 GOOSE、SV 和 MMS 报文信息，这对变电站二次回路调试、试验、故障排查提出了新的要求。网络报文记录分析仪可以对全站报文进行实时记录、监视、捕捉、存储及分析，同时为了充分利用硬件和光纤资源，也有将故障录波功能集成在网络报文记录分析仪中，组成网络报文记录分析及故障录波一体装置。

二、智能设备配置模式

合并单元和智能终端的应用是智能变电站区别于传统综合自动化变电站的重要特征之一，其配置方式的差异会直接影响继电保护二次回路的连接方式。

在 110kV 智能变电站工程应用过程中，合并单元和智能终端存在多种不同的配置方式，典型的有"两套合并单元+一套智能终端""一套合智装置+一套合并单元"及"两套合智装置"等模式。以下分别介绍采用这三种配置方式下继电保护装置与智能设备之间的信息交互模式。

1. 两套合并单元+一套智能终端

如图 1-11 所示，采用"两套合并单元+一套智能终端"时，两套主变压器电气量保护（110kV 智能变电站只有主变压器电气量保护双套配置）与两套合并单元一一对应，但由于只有一套智能终端，因此两套保护都动作于这一套智能终端。单套配置的保护如 110kV 母分过流保护和备自投，均从第一套合并单元获取采样，动作于唯一的那套智能终端。

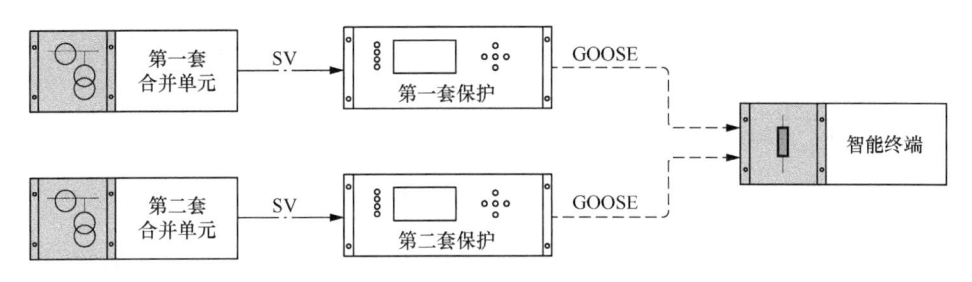

图 1-11 "两套合并单元+一套智能终端"配置的信息交互模式

2. 一套合智装置+一套合并单元

如图 1-12 所示，采用"一套合智装置+一套合并单元"时，一般将合智装置定义为"第一套"，将合并单元定义为"第二套"。主变压器第一套保护只与第一套合智装置进行信息交互，即从合智装置获取采样，也动作于该合智装置；主变压器第二套保护从合并单元获取采样，动作于第一套合智装置。单套配置的保护或备自投与主变压器第一套保护的配置方式一致，只与第一套合智装置相连。

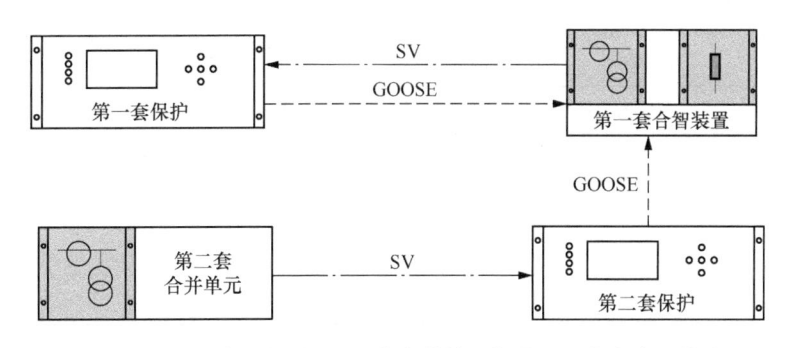

图 1-12 "一套合智装置+一套合并单元"配置的信息交互模式

3. 两套合智装置

如图 1-13 所示，采用"两套合智装置"时，两套主变压器电气量保护与两套合智装置一一对应，即第一套保护与第一套合智装置相连，第二套保护与第二套合智装置相连。单套配置的保护或备自投仅与第一套合智装置进行信息交互。

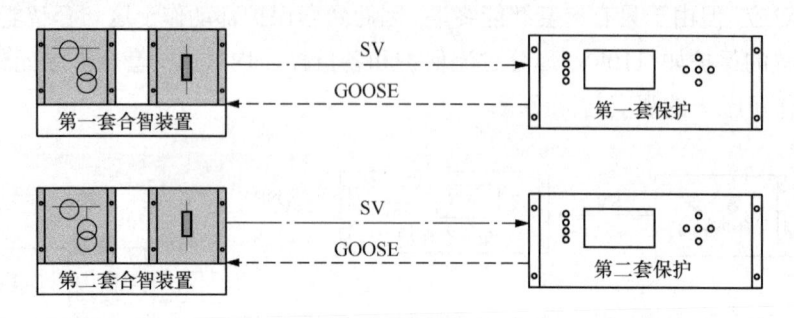

图 1-13 "两套合智装置"配置的信息交互模式

在这三种智能设备配置方式中，第三种两套合智装置的方式是目前相关规程、规范所推荐的，也是目前现场实际工程应用中的主流模式，因此本书也按照两套合智装置的配置方式来介绍相关的继电保护二次回路。

三、各间隔智能设备配置及典型组屏方案

1. 二次设备室

110kV智能变电站的二次设备室或主控室内往往集中布置有主变压器电气量保护、110kV备自投、监控主机设备、调度数据网设备、一体化电源等多种二次设备，表1-2为主变压器电气量保护屏和110kV备自投屏的典型组屏方案。

表 1-2　　　　　二次设备室典型组屏方案

序号	屏柜名称	设备配置
1	1号主变压器保护屏	1号主变压器第一套保护装置、1号主变压器第二套保护装置
2	2号主变压器保护屏	2号主变压器第一套保护装置、2号主变压器第二套保护装置
3	110kV备自投屏	110kV备自投装置
		110kV母分保测一体装置
		过程层交换机×4

注：本表只列出主控室内与保护直接相关的二次屏柜设备配置情况，其他屏柜及设备配置未列出；部分变电站110kV母分保测装置布置于110kV开关室的母分汇控柜；"×4"表示该设备配置4套。

2. 110kV 开关室

110kV开关室内主要布置与110kV进线、110kV母分和110kV母线设备相关的保护测控装置，目前的典型组屏方案主要有两种，一种是比较常见的7面屏组屏方式，如表1-3所示。

表 1-3　　110kV 开关室典型组屏方案一（7 面屏）

序号	屏柜名称	设备配置
1	1 号主变压器高压侧汇控柜	1 号主变压器 110kV 智能终端
2	110kV 进线 1 汇控柜	110kV 进线 1 电能表
		110kV 进线 1 测控装置
		110kV 进线 1 第一套合智装置、110kV 进线 1 第二套合智装置
3	110kV Ⅰ 段母线汇控柜	110kV Ⅰ 母测控装置、110kV Ⅰ 母智能终端
		110kV 第一套母线合并单元
4	110kV 母分汇控柜	110kV 母分电能表
		110kV 母分第一套合智装置、110kV 母分第二套合智装置
		间隔层交换机×1
5	110kV Ⅱ 段母线汇控柜	110kV Ⅱ 母测控装置、110kV Ⅱ 母智能终端
		110kV 第二套母线合并单元
6	110kV 进线 2 汇控柜	110kV 进线 2 电能表
		110kV 进线 2 测控装置
		110kV 进线 2 第一套合智装置、110kV 进线 2 第二套合智装置
7	2 号主变压器高压侧汇控柜	2 号主变压器 110kV 智能终端

为适应设备小型化的要求，考虑到主变压器高压侧汇控柜内设备较少，其智能终端主要控制主变压器 110kV 侧的闸刀和接地闸刀，因此部分工程中将两面主变压器高压侧汇控柜与母线汇控柜合一，形成了 5 面屏的组屏方式，如表 1-4 所示。

表 1-4　　110kV 开关室典型组屏方案二（5 面屏）

序号	屏柜名称	设备配置
1	1 号主变压器高压侧、110kV Ⅰ 段母线汇控柜	1 号主变压器 110kV 智能终端
		110kV Ⅰ 母测控装置、110kV Ⅰ 母智能终端
		110kV 第一套母线合并单元
2	110kV 进线 1 汇控柜	110kV 进线 1 电能表
		110kV 进线 1 测控装置
		110kV 进线 1 第一套合智装置、110kV 进线 1 第二套合智装置
3	110kV 母分汇控柜	110kV 母分电能表
		110kV 母分第一套合智装置、110kV 母分第二套合智装置
		间隔层交换机×1
4	110kV 进线 2 汇控柜	110kV 进线 2 电能表
		110kV 进线 2 测控装置
		110kV 进线 2 第一套合智装置、110kV 进线 2 第二套合智装置

续表

序号	屏柜名称	设备配置
5	2号主变压器高压侧、110kVⅡ段母线汇控柜	2号主变压器110kV智能终端
		110kVⅡ母测控装置、110kVⅡ母智能终端
		110kV第二套母线合并单元

3. 主变压器室

110kV主变压器室内布置有主变压器本体汇控柜，柜内配置主变压器本体智能终端（包含非电量保护）、主变压器本体合并单元等二次设备，其典型组屏方案见表1-5。

表1-5　主变压器室典型组屏方案

序号	屏柜名称	设备配置
1	1号主变压器本体汇控柜	1号主变压器本体智能终端（含非电量保护）
		1号主变压器第一套本体合并单元、1号主变压器第二套本体合并单元
2	2号主变压器本体汇控柜	2号主变压器本体智能终端（含非电量保护）
		2号主变压器第一套本体合并单元、2号主变压器第二套本体合并单元

4. 10kV开关室

10kV开关室的二次设备安装在开关柜二次仓内，各不同间隔的典型组柜方案见表1-6～表1-8。

表1-6　主变压器10kV间隔典型组屏方案

序号	屏柜名称	设备配置
1	1号主变压器10kV开关柜	1号主变压器10kV第一套合智装置、1号主变压器10kV第二套合智装置
2	2号主变压器10kVⅡ甲开关柜	2号主变压器10kVⅡ甲第一套合智装置、2号主变压器10kVⅡ甲第二套合智装置
3	2号主变压器10kVⅡ乙开关柜	2号主变压器10kVⅡ乙第一套合智装置、2号主变压器10kVⅡ乙第二套合智装置

表1-7　10kV母分间隔典型组屏方案

屏柜名称	10kV母分开关柜	10kV母分隔离柜
设备配置	10kV母分保护测控装置、10kV母分备自投装置	10kV电压并列装置

表 1-8 10kV 其他间隔典型组屏方案

屏柜名称	10kV 出线开关柜	10kV 电容器开关柜	10kV 站用变开关柜	10kV 电压母设开关柜
设备配置	10kV 线路保护测控装置	10kV 电容器保护测控装置	10kV 站用变保护测控装置	10kV 母线测控装置

第四节　基本网络结构与典型组网方式

一、基本网络结构

根据 IEC 61850 标准系列分层的智能变电站基本结构一般按照"三层设备、两层网络"的体系设计，即全站设备从逻辑上可以分为站控层、间隔层和过程层三层，三层设备之间用开放式的分层分布网络连接，连接站控层设备和间隔层设备的是站控层网络，连接间隔层与过程层的是过程层网络。智能变电站"三层两网"的典型结构示意如图 1-14 所示。

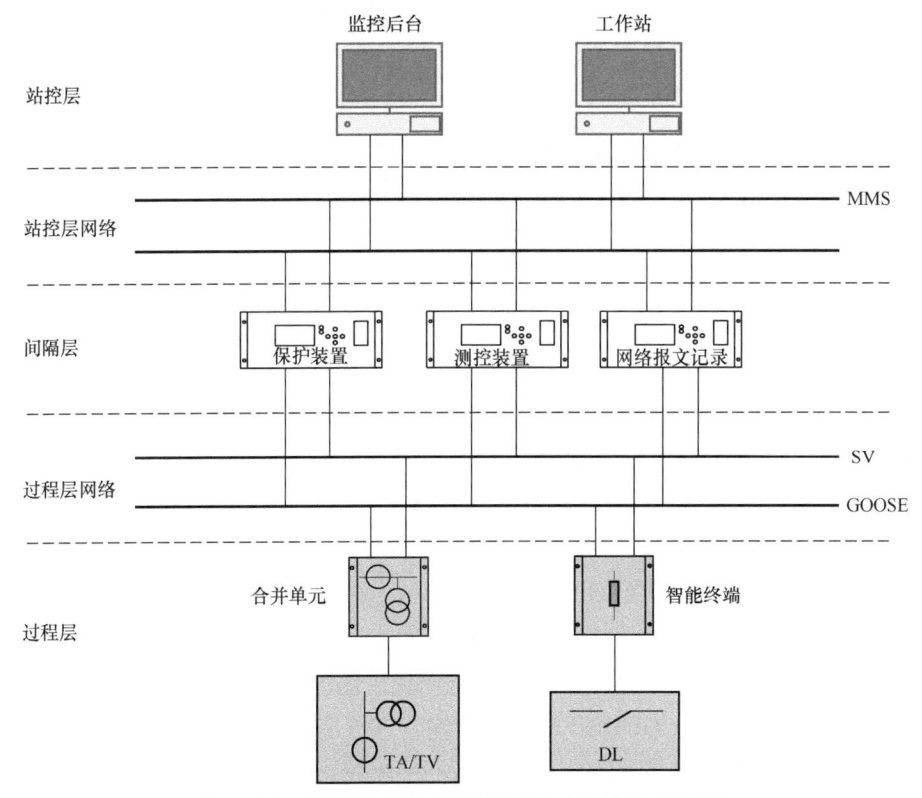

图 1-14　智能变电站"三层两网"典型结构示意图

1. 过程层与过程层网络

过程层设备主要有变压器、断路器、闸刀、互感器等一次设备及其所属的智能组件，包括合并单元和智能终端等设备。过程层主要实现一次设备的电压、电流、功率、温度、断路器位置、压力等实时电气量和状态量的监测，以及接收并执行从保护、测控等装置发送的指令，实现对一次设备的调节和控制，如变压器有载分接头调节、断路器分合闸控制等。

过程层网络是过程层的合并单元和智能终端等设备与间隔层的测控装置、网络报文记录分析仪等设备通过过程层交换机连接而成的通信网络，实现过程层和间隔层之间的数据传输。过程层网络主要传输 GOOSE 和 SV 两类报文信息，GOOSE 报文实现开入、开出量的上传和跳合闸等控制量的下行，SV 报文实现电压、电流等交流采样量的上传。

2. 间隔层

间隔层设备包括继电保护、测控、网络报文记录分析仪等二次设备，实现对本间隔设备的保护和控制。同时，间隔层设备将本间隔设备状态信息分类汇总后发送给站控层，并将接收到的站控层相关控制指令发送给过程层设备，在"三层两网"体系中起到承上启下的传输作用。

3. 站控层与站控层网络

站控层包括一体化监控系统、数据通信网关机、网络安全监测装置、防火墙等设备，实现面向全站设备的监视、控制、告警及信息交互，完成数据采集和监视控制、操作闭锁、保护信息管理等相关功能，是全站监控管理的中心。同时，站控层将站内数据信息送往调控端及其他主站系统，接收调控端的控制命令，并将其发送给间隔层和过程层执行。

站控层网络处于间隔层和站控层之间，完成 MMS 报文的传输，实现站控层各设备之间的横向通信及间隔层设备和站控层设备之间的纵向通信。

二、110kV 智能变电站智能设备组网方式

1. 典型网络结构

目前，110kV 智能变电站的典型网络结构遵循"三层两网"的方式，具体网络结构为：监控系统采用开放式分层分布式网络结构，由站控层、间隔层、过程层设备，以及网络和安全防护设备组成。站控层网络采用双网星形 MMS 以太网，完成 MMS 报文和部分 GOOSE 报文的传输。过程层设备由常规互感器、合并单元、智能终端及合智装置等构成，过程层网络单网配置采用 GOOSE 和 SV 共同组网，GOOSE 报文和 SV 报文在同一个网络中传输，测控装置、故障录波器和

网络报文记录分析仪接入该过程层网络，以获取需要的报文信息。为保证继电保护的可靠性，保护相关回路采用"直采直跳"的模式，整体网络结构如图 1-15 所示。

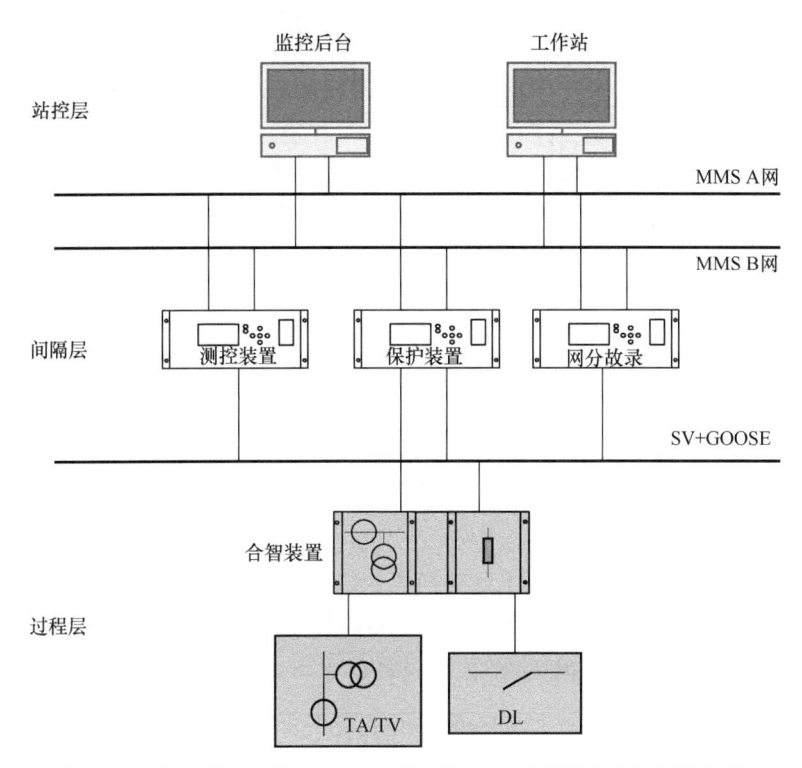

图 1-15 过程层 SV 和 GOOSE 共网的 110kV 智能变电站网络结构

2. 过程层组网方案

各保护装置、测控装置、备自投装置、合并单元、智能终端、合智装置及网络报文记录分析仪和故障录波器等均应组网接入过程层交换机，实现二次设备的网络化。各装置通过过程层交换机组成的网络共享实时数据，测控装置从过程层网络获取相关的 SV 采样值和 GOOSE 开入信息量，并且通过过程层网络下发遥控指令。网络报文记录分析仪和故障录波器通过过程层网络采集各种报文信息。

目前本地区 110kV 智能变电站过程层交换机一般配置 4 台，采用单网星形结构，GOOSE 和 SV 共网传输。图 1-16 为某 110kV 智能变电站的过程层交换机组网方案。

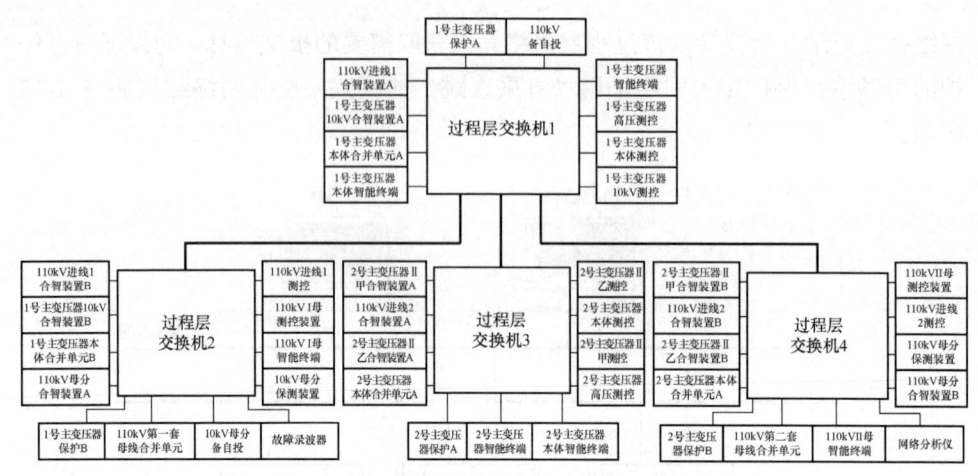

图 1-16 110kV 智能变电站过程层组网方案

3. 站控层组网方案

站控层网络采用双网星形结构，相关设备同时接入站控层 A/B 网。10kV 开关室、110kV 开关室和主控室内均配置一定数量的间隔层交换机，接入各自的保护测控装置后级联至站控层Ⅰ区中心交换机。一体化监控系统、数据通信网关机、防火墙等设备直接接入站控层Ⅰ区交换机。站控层Ⅱ区交换机接入网络安全监测装置、故障录波器、正反向隔离装置等，与站控层Ⅰ区交换机之间通过防火墙隔离。图 1-17 为某 110kV 智能变电站的站控层交换机组网方案。

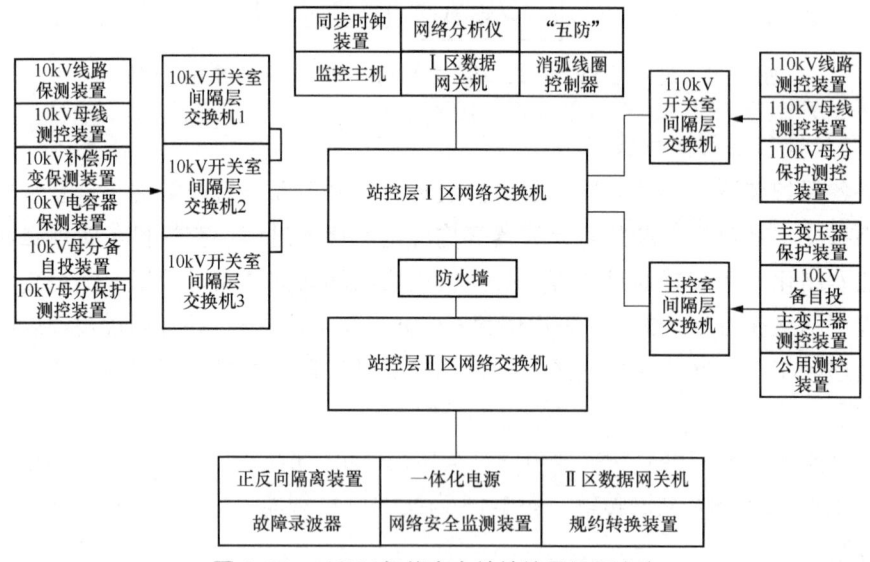

图 1-17 110kV 智能变电站站控层组网方案

第二章 110kV 智能变电站典型二次电缆回路

智能变电站中光纤回路取代了大部分的传统二次电缆，但仍然存在不少典型的二次电缆回路，如电压和电流模拟量接入合并单元回路、集成在智能终端的断路器和闸刀的控制回路、主变压器非电量保护回路等采用的都是传统二次电缆。此外，110kV 智能变电站的 10kV 部分仍以电缆回路为主，特别是 10kV 侧的电压并列回路，是变电站内重要的二次电缆回路。

本章主要介绍保护交流电流回路、交流电压回路、10kV 电压并列回路、断路器控制回路、主变压器非电量保护回路及断路器机构防跳回路等以传统二次电缆为主的典型回路。

第一节 保护电流回路

电子式互感器是智能变电站未来的发展应用方向，但在目前的 110kV 智能变电站工程应用中，普遍采用的方式仍然是"常规互感器+合并单元"的过渡模式，即常规电磁式电流互感器（TA）、电压互感器（TV）通过二次电缆接入合并单元（或合智装置），由合并单元完成采样数据的合并和同步处理，实现 A/D 转换后，以 SV 报文的形式发布，供继电保护装置、备自投装置、测控装置等智能设备订阅。

一、电流互感器二次绕组

1. 二次绕组分类

电流互感器串联在一次系统主回路中，将回路中的大电流转换为一定比例的小电流，以供测量和继电保护装置等二次设备使用。同一台电流互感器的二次绕组按使用特点可分为测量（计量）级二次绕组和保护级二次绕组。

顾名思义，测量（计量）级二次绕组主要提供电流给测控装置或计量装置，其特点是在系统正常工作时具有较高的准确性，而在系统发生短路时，急剧升高的故障电流会导致 TA 饱和，输出二次电流几乎为零，测量值完全失准，但能保护测量或计量装置不受很大的故障短路电流损害。测量（计量）级二次绕组的准确级主要有为 0.2、0.5、1.0、0.2S、0.5S 等。例如，0.5 级的含义为在额定电流范围内测量值误差不超出准确值的±0.5%。相比于 0.2 级，0.2S 级在小负荷时具有更高的测量精度，在负荷变动范围较大的应用场合更有优势。

对于保护级二次绕组，其特点是在系统发生故障产生很大的故障电流时，仍能保持一定的测量精度，较为准确地传变故障电流给保护装置而不发生 TA 饱和。110kV 及以下系统常采用稳态保护（P 级）用电流互感器，其准确级以额定准确限值一次电流下的最大允许复合误差的百分数表示。例如图 2-1 中，电流互感器保护级二次绕组的准确级为 5P30，具体含义为：该保护 TA 一次侧通过电流在其额定电流的 30 倍以下时，此保护绕组输出二次电流的复合误差小于±5%。

2. 继电保护回路用二次绕组分配基本原则

对于 110kV 及以下系统，继电保护回路用二次绕组的主要分配原则可以归纳为以下几条：

（1）继电保护装置应选择保护级二次绕组。继电保护装置的交流采样回路应选用电流互感器的保护级二次绕组，当系统发生故障时，能够传变很大的故障电流，准确反应故障信息，防止出现 TA 饱和而导致保护误动或拒动。

在智能变电站中该原则包含两层意义：①保护电流二次绕组在接入合智装置时应接入合智装置的保护电流输入端子；②在变电站 SCD 文件组态时，保护装置在连接合智装置电流虚回路时应选择对应的保护电流输出虚端子。

（2）合理分配二次绕组，避免保护死区。电流互感器二次绕组的分配应使得保护范围交叉重叠，特别是对于内桥接线形式的 110kV 变电站，应合理分配 110kV 母分电流互感器的二次绕组，以满足同时接入两台主变压器保护的要求，并避免出现保护死区。

（3）两套保护应取自电流互感器互相独立的二次绕组。110kV 智能变电站中，主变压器保护双套配置，所需的电流通过虚回路从对应的合智装置取得，因此接入两套合智装置的电流二次绕组应互相独立。

二、电流二次回路

110kV 智能变电站断路器合智装置采用双套配置，以 110kV 进线电流互感器二次绕组接入相应合智装置为例，其电流二次回路如图 2-1 所示。

电流互感器的两组绕组与 110kV 进线两套合智装置一一对应：第一组保护绕

第二章 110kV 智能变电站典型二次电缆回路

组（4LH）通过二次电缆接入第一套合智装置的保护电流端子，第二组保护绕组（3LH）通过二次电缆接入第二套合智装置的保护电流端子。此外，由于各二次绕组直接接入合智装置，相互之间没有电的联系，不存在接地点电位不同而产生附加电流的问题，因此其二次绕组中性点分别就地直接接地。

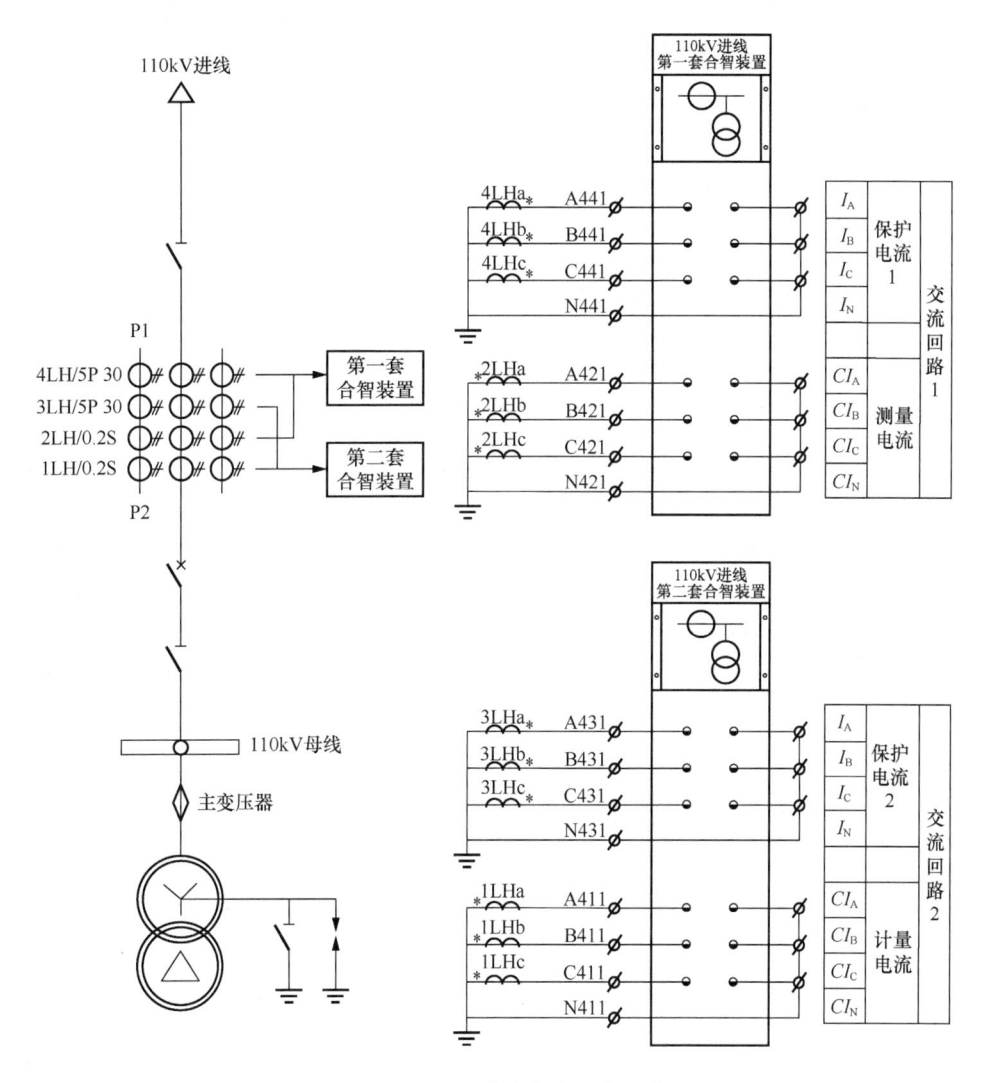

图 2-1 110kV 进线电流二次回路

在电流二次绕组接入合智装置时，还需注意电流回路的方向。在工程应用中，一般将进线 TA 保护电流正方向选为从线路流向母线（对于内桥接线相当于流向主变压器），如图 2-1 所示，当 TA 的一次绕组极性端 P1 远离母线时，保护绕组从极性端 S1（图 2-1 中*所示）接入合智装置；将进线 TA 的测量/计量电流正方向选为从母线流向线路，所以绕组 1LH 和 2LH 应从非极性端 S2 接入合智装置（图 2-1 中*朝向中性点）。对于 110kV 母分 TA，电流正方向选为从 Ⅰ 段母线流向 Ⅱ 段母线，即假如 TA 一次绕组极性端 P1 靠近 Ⅰ 母，二次绕组从极性端 S1 接入母分合智装置。对于主变压器低压侧 TA，电流正方向选为母线流向主变压器，即如果一次绕组极性端 P1 靠近母线时，二次绕组从极性端 S1 接入主变压器低压侧合智装置。

第二节 保护电压回路

一、电压互感器二次绕组配置

电压互感器的二次绕组是变电站电压回路的根源，不同的绕组配置形式将影响整个电压回路的实现方式。

目前，智能变电站工程中采用的电压互感器二次绕组数量主要有 3 组和 4 组两类，前者在早期的智能变电站中，特别是 10kV 电压互感器中较为常见，其 3 组二次绕组分别为保护（测量）绕组、计量绕组和零序绕组。目前新建的智能变电站工程中，无论是 110kV 电压互感器还是 10kV 电压互感器，均具有 4 组二次绕组，分别为第一组保护（测量）绕组、第二组保护绕组、计量绕组和零序绕组，也就是说增加了一组保护绕组。图 2-2 为 10kV 电压互感器的典型二次绕组配置，除了上述 4 组绕组外，还有一组为了避免零序磁通产生不平衡电压而接成闭口三角的剩余绕组。

由于主变压器各侧合并单元（或合智装置）均为双套配置，当电压保护绕组只有一组时，其必然要同时接入两套合并单元，这样就无法实现两套保护电压回路的完全独立。甚至部分工程在配置了具有两组保护（测量）绕组的电压互感器后，仍然沿用之前的设计习惯，将其中第一组保护绕组同时接入两套合并单元，而把第二组保护绕组接到本段电压互感器间隔的端子排后悬空作为备用，这种方式既造成了二次绕组资源的浪费，也降低了双套保护运行的可靠性。

因此，目前工程中均采用具有 4 组二次绕组的电压互感器，并合理设计电压接入回路，以满足两套主变压器保护的电压从源头实现互相独立，本章中后续有关交流电压回路的介绍均以此为基础。

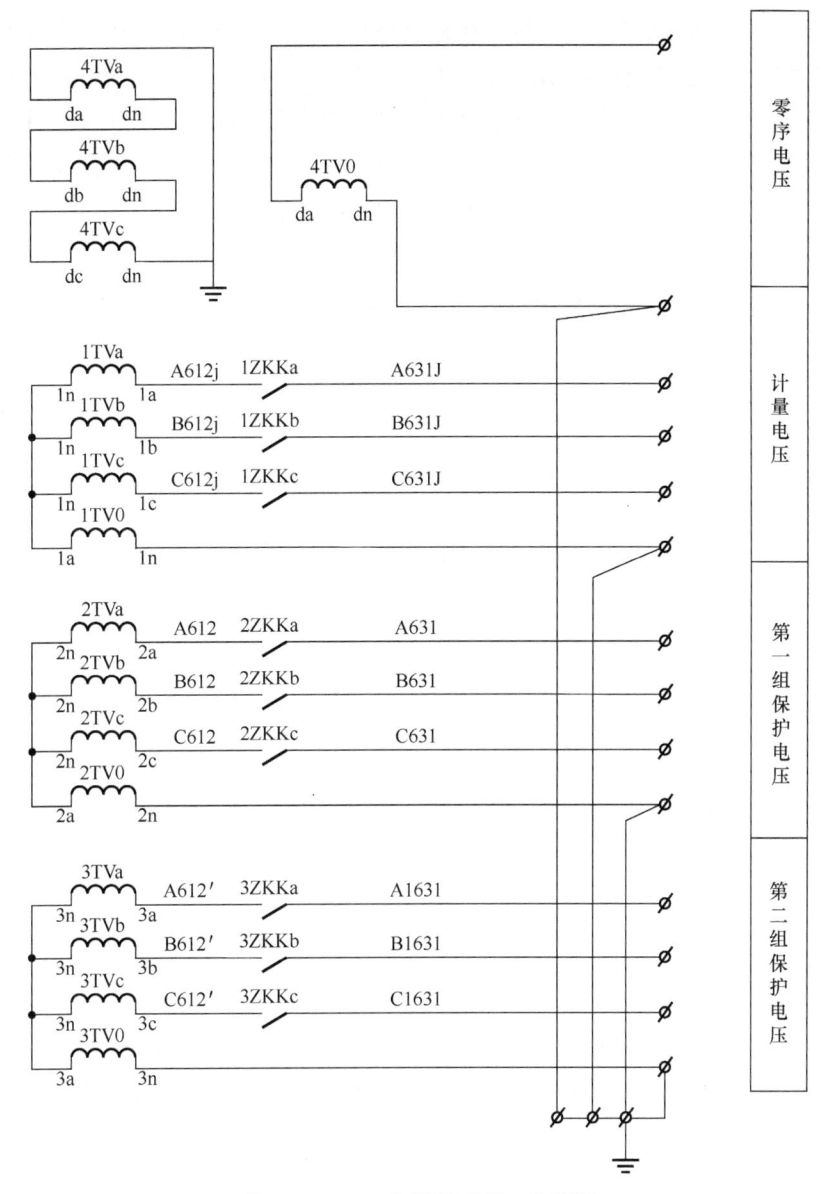

图 2-2　10kV 电压互感器二次绕组

二、110kV 电压二次回路

110kV 智能变电站共配置两套 110kV 母线合并单元，每套母线合并单元不是各自接入一段母线电压，而是需要同时接入 110kV 的Ⅰ母电压和Ⅱ母电压。

图 2-3 为 110kV 电压二次回路原理图（图中仅给出了保护绕组），首先 TV

27

二次绕组引出至就地母线汇控柜，在经过分相空气开关 1ZK（2ZK）后串接 TV 闸刀辅助接点，完成电压重动，最后再接入母线合并单元。当前的 110kV 电压互感器一般都有两组保护绕组，分别接入两套母线合并单元。图 2-3 中，Ⅰ母 TV 的第一组保护绕组和Ⅱ母 TV 的第一组保护绕组接入 110kV 第一套母线合并单元，Ⅰ母 TV 的第二组保护绕组和Ⅱ母 TV 的第二组保护绕组接入 110kV 第二套母线合并单元。这种接入方式能够保证两套保护装置（对 110kV 智能变电站而言只有主变压器保护为双套配置）的保护电压取自电压互感器互相独立的绕组。此外，由于电压互感器只有一组计量绕组和零序绕组，两套母线合并单元接入的计量电压和零序电压只能从同一组绕组并联而来。

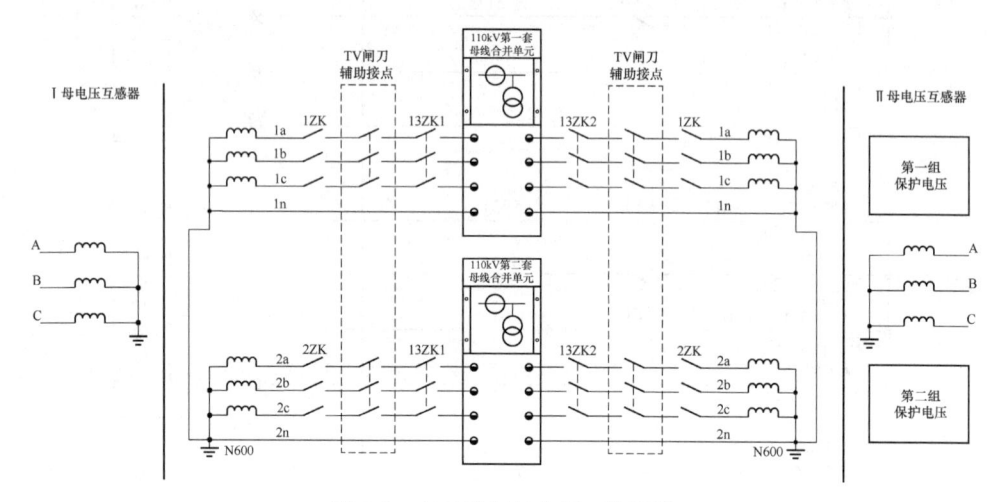

图 2-3 110kV 保护电压二次回路

在工程应用中还需注意，与 110kV 传统综合自动化变电站电压互感器二次回路中性点接地方式不同的是，智能变电站 110kV 两段母线的电压互感器二次回路之间没有直接电气联系，其二次回路中性点应分别在就地直接接地。

三、10kV 电压二次回路

1. 10kV 电压重动回路

为了保持电压互感器一次运行状态和二次电压之间的对应，防止在 TV 退出运行的情况下二次绕组误加电压而向一次侧反送电，必须进行电压重动。图 2-4 为 10kV 保护电压重动回路，第一组保护电压的二次绕组经过电压互感器手车工作位置的辅助接点 S9 实现电压重动，完成重动后的二次电压接入本段电压母设柜柜顶的电压小母线，供该段母线各间隔保护设备引接。第二组保护电压的区别在于不用接入电压小母线,而是直接通过二次电缆接入主变压器 10kV 第二套合智装置。

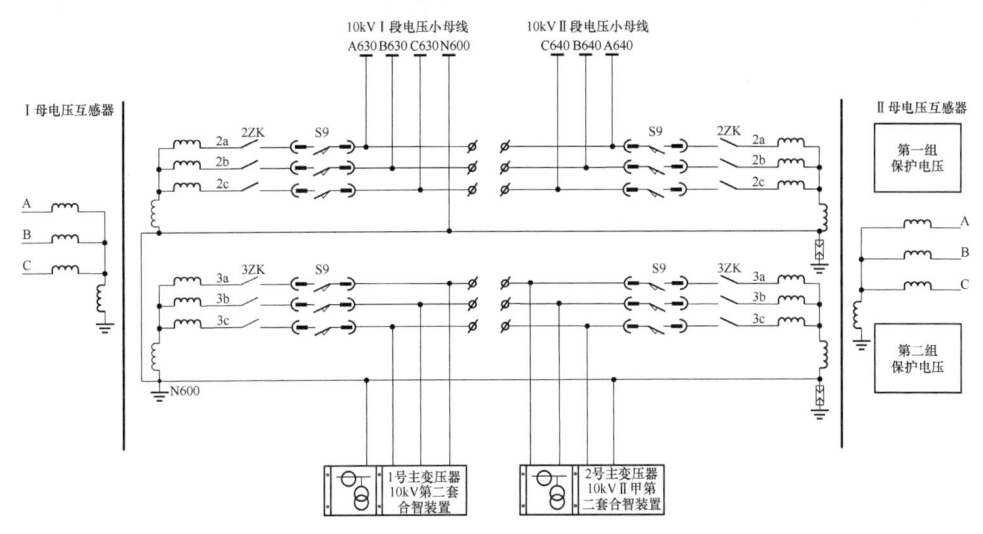

图 2-4　10kV 保护电压重动回路

需要指出的是,在实际工程中还存在另一种电压重动方式,由于涉及 10kV 电压并列装置,将在本章第三节中进行介绍和比较。

2. 合智装置电压接入回路

110kV 智能变电站的 10kV 侧没有配置独立的母线合并单元,由每台主变压器的 10kV 合智装置在采集主变压器低压侧电流的同时接入本段母线的电压。为了使两套主变压器保护能从电压互感器独立的二次绕组获取电压,目前采用如下的电压接入方式:

(1) 从电压小母线引入第一组保护绕组电压后,只接入主变压器 10kV 第一套合智装置,不接入第二套合智装置,如图 2-5(a)所示。

(2) 考虑到第二组保护绕组的电压仅供主变压器第二套保护使用,因此其在接到本段电压母设间隔的端子排后不必接入电压小母线,而是直接用电缆从母设间隔连至主变压器 10kV 开关柜后接入主变压器 10kV 第二套合智装置,如图 2-5(b)所示。

这种方式既能实现两套主变压器保护电压取自于电压互感器不同的二次绕组,又不会影响柜顶电压小母线的布置,是目前推荐的一种接入方式。

图 2-5 中,1 号主变压器 10kV 第一套合智装置从电压小母线引入第一组保护电压,而Ⅰ母电压互感器第二组保护绕组(3a、3b、3c、3n)经过空气开关 3ZK

和TV手车工作位置辅助接点S9重动后，一路直接接入1号主变压器10kV第二套合智装置，另一路为了实现电压并列，接入10kV电压并列装置。

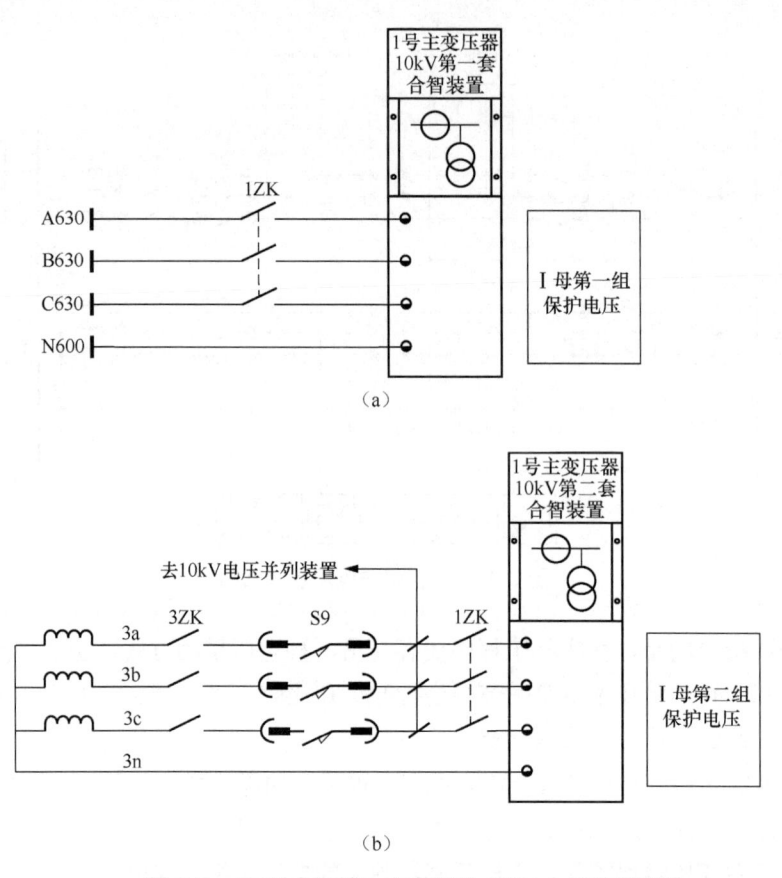

图2-5　10kV电压接入主变压器10kV合智装置回路
（a）接入主变压器10kV第一套合智装置；（b）接入主变压器10kV第二套合智装置

3. 10kV电压互感器二次绕组中性点接地方式

由于10kV侧各段母线二次电压通过电压小母线或电缆存在直接电气联系，在系统发生接地故障时，变电站接地网中可能流过较大故障电流，假如二次回路中性点存在多点接地，各接地点之间将产生较大的电位差，会造成电压互感器二次中性点电压偏移，使得电压采样不准，严重时可导致保护误动或拒动。因此10kV各段母线电压互感器二次绕组中性点应一点接地，目前工程应用中，将各段母线电压互感器的二次绕组中性点统一在10kV Ⅰ段电压母设柜内单点接地，即N600一点接地，同时其余各段母线在各电压母设柜内将每组二次回路中性点分别经放电间隙或氧化锌阀片接地，如图2-4中所示。

因此，纵观 110kV 和 10kV 电压互感器二次电压接入合并单元（或合智装置）的方式，可以看到两者最显著的区别在于：110kV 侧配置了独立的母线合并单元，每套合并单元都接入两段母线的电压；10kV 侧没有独立的母线合并单元，每套主变压器 10kV 合智装置只采集本段母线的电压，而不采集其他段母线电压。此外，110kV 侧电压互感器二次绕组中性点各自直接接地，而 10kV 侧电压互感器二次绕组中性点需共同引接至 10kV Ⅰ 段电压母设柜内一点接地。

四、10kV Ⅱ 段母线分段带来的电压相关问题

1. Ⅱ 甲分段和 Ⅱ 乙分段的二次电压短接方式

在还未进行第三段母线扩建的 110kV 智能变电站中，10kV 母线分为 Ⅰ 母、Ⅱ 甲母线和 Ⅱ 乙母线，如图 1-8 所示的主接线中，Ⅱ 甲分段母线与 Ⅱ 乙分段母线通过一次铜排的"硬连接"组成为同一段母线，因此两个分段母线的二次电压也需进行短接，以真实反应一次母线电压。

由于第一组保护（测量）电压、计量电压和零序电压一般都引接至电压小母线，因此工程实际中直接短接这两分段母线的电压小母线即可，但第二组保护电压没有接入电压小母线，需采取合适的方式对其进行短接：①直接用电缆将 Ⅱ 甲和 Ⅱ 乙电压母设柜里的第二组保护绕组短接，这种方式由于 Ⅱ 甲和 Ⅱ 乙电压母设柜有一定距离，所需的电缆会比较长；②考虑到两分段母线的第二组保护电压为了分别接入 2 号主变压器 10kV Ⅱ 甲和 Ⅱ 乙断路器的第二套合智装置，已经分别接到了相距很近的 2 号主变压器 10kV Ⅱ 甲和 Ⅱ 乙开关柜，因此可以考虑将 2 号主变压器 10kV Ⅱ 甲和 Ⅱ 乙开关柜内的第二组保护电压进行短接，这样所需的电缆长度比较短。

综合考虑，目前在智能变电站实际工程中对 Ⅱ 甲和 Ⅱ 乙分段母线二次电压的短接可推荐采用如下的方式：第一组保护（测量）电压、计量电压和零序电压从 Ⅱ 甲、Ⅱ 乙段电压小母线分别引下到 2 号主变压器 10kV 隔离柜；第二组保护电压从相邻的 2 号主变压器 10kV Ⅱ 甲、Ⅱ 乙开关柜中引至 2 号主变压器 10kV 隔离柜，4 组电压绕组均在 2 号主变压器 10kV 隔离柜内进行统一短接。这种方式尽可能地减少了用于短接的二次电缆的长度，且 4 组电压绕组的短接位置在同一处端子排，清晰明确，方便后续扩建工程时一次性拆除而不出现遗漏。

2. Ⅱ 甲分段和 Ⅱ 乙分段的二次电压运行方式

10kV Ⅱ 甲分段和 Ⅱ 乙分段电压互感器的一次侧由于两分段母线之间的硬连接形成事实上的并列运行，而两台电压互感器的二次侧也通过适当的方式进行了短接，因此正常运行时如果不采取其他措施，两台电压互感器将以一次侧并列、

二次侧也并列的方式运行。

当两台电压互感器的励磁特性不完全一致时，其各自输出的二次电压会存在压差和角差，在长期并列运行时会出现环流，容易引起电压空气开关跳闸，造成二次设备失压。此外，当某台电压互感器高压熔丝熔断后，另一台电压互感器的二次电压会使这台电压互感器形成反送电，也会导致电压空气开关跳开等。

因此，运行过程中不能把两台电压互感器的二次电压长期并列运行，目前实际现场应用中，两台 TV 手车均处于工作位置，TV 一次侧并列运行，但将Ⅱ乙电压母设柜内的各绕组电压空气开关（ZK）断开，如图 2-6 所示，因此事实上整段Ⅱ母的二次电压均为Ⅱ甲电压互感器的输出电压。

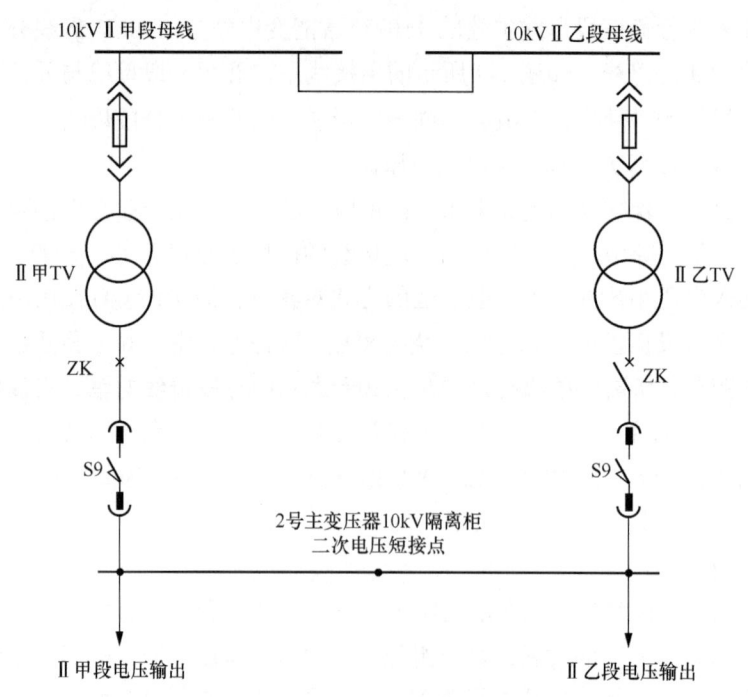

图 2-6　10kV Ⅱ甲段与Ⅱ乙段二次电压的运行方式示意图

第三节　10kV 电压并列及控制回路

当某一段 10kV 母线上的电压互感器发生故障需要停用检修时，该段母线各间隔的保护、测控和计量等装置将失去对应的二次电压。电压并列装置可以在满足一定条件后，通过接入另一段运行母线电压互感器的二次电压，来保证这些装置的正常运行。110kV 智能变电站的 10kV 部分依然采用传统的二次电缆和继电器控制相关回路来实现母线电压并列。

一、10kV 电压并列回路

图 2-7 为 10kV 保护电压并列的二次回路原理图。两段母线电压互感器的第一组保护电压通过对应的电压小母线引下后，在 10kV 母分隔离柜同时接入 10kV 电压并列装置。第二组保护电压不经过电压小母线，而是直接通过电缆从电压母设柜接入 10kV 电压并列装置。

正常运行时，两段母线电压互感器的手车均处于工作位置，图 2-7 中 S9 处于闭合状态，由于没有进行电压并列操作，并列接点 BL 处于断开状态，因此每段电压小母线上输出的电压均为各自电压互感器的第一组保护电压，主变压器 10kV 第二套合智装置的电压均为各自电压互感器的第二组保护电压。

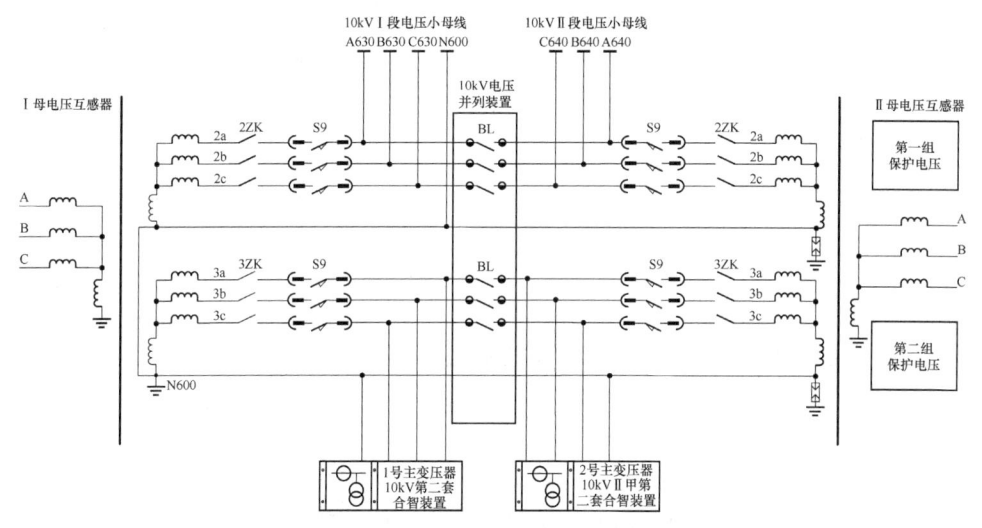

图 2-7 10kV 保护电压并列回路原理图

二、电压并列过程

以 Ⅱ 母 TV 检修为例，此时 Ⅱ 母 TV 的手车处于检修位置，图 2-7 中的手车工作位置辅助接点 S9 断开，10kV Ⅱ 段电压小母线和第二组保护绕组都失电。为了从 10kV Ⅰ 段母线"借用"电压，首先应保证两段母线的运行电压一致，因此需先将一次系统进行并列——10kV 母分隔离柜和母分开关柜手车均需在工作位置，并合上 10kV 母分断路器。一次系统完成并列后，图 2-8 中电压并列控制回路中的母分隔离柜和 10kV 母分开关柜的手车工作位置辅助接点 S9 均闭合，10kV 母分断路器常开接点 DL 也闭合。此时电压并列条件满足，将电压并列切换开关 QK 打到并列位置（①-②接点闭合），并列继电器 BL 的动作线圈带电，进而图 2-7 中的 BL 接点闭合，Ⅱ母电压小母线和第二组保护电压通过并列接点获取了Ⅰ母 TV 的二次电压，实现了两段母线的电压并列。

当任意一个并列条件被破坏后，如 10kV 母分断路器断开、母分开关柜或隔离柜手车摇至试验位置，或者直接将 QK 打到分列（③-④接点闭合）位置，并列继电器 BL 的返回线圈带电，图 2-7 中 BL 接点断开，两段母线电压实现解列。

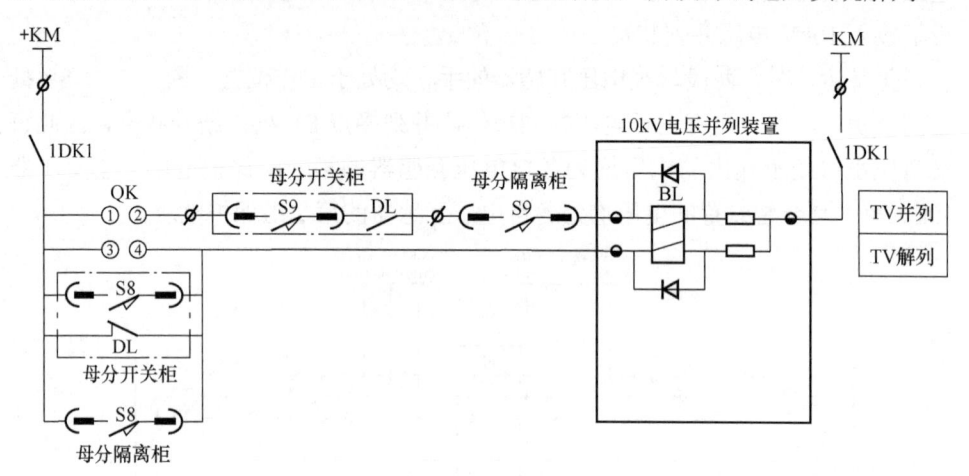

图 2-8　10kV 电压并列控制回路

三、电压重动与并列回路相关问题

1. 电压重动方式

为了保持电压互感器一次运行状态和二次电压的对应，防止在 TV 退出运行的情况下二次绕组误加电压而向一次侧反送电，必须进行电压重动。

在本章第二节中已经介绍过采用 TV 手车工作位置辅助接点 S9 的电压重动方式，如图 2-4 中所示，当 TV 手车不在工作位置时，手车工作位置辅助接点 S9 断开，此时即使电压小母线上带电，也不会反送电至电压互感器一次侧。在实际工程中还广泛存在的另一种电压重动方式，采用的是 10kV 电压并列装置内部的重动接点。

如图 2-9 所示，两段母线的电压从本段电压母设间隔通过电缆接至并列装置的重动继电器接点，经过重动接点 YQJ1、YQJ2 后接入电压小母线；图 2-10 中，两段 TV 手车工作位置辅助接点 S9 和手车试验位置辅助接点 S8 通过电缆各自接入并列装置。正常运行时，TV 手车均处于工作位置，S9 均处于闭合状态，重动继电器 YQJ1 和 YQJ2 动作，图 2-9 中 YQJ1 和 YQJ2 对应接点闭合，每段电压小母线上输出的电压均为各自电压互感器的第一组保护电压。假如Ⅱ母 TV 退出，在 TV 手车退出过程中，其试验位置辅助接点 S8 闭合，YQJ2 继电器失电，YQJ2 接点返回，保证了二次电压不会反送电至电压互感器一次侧。

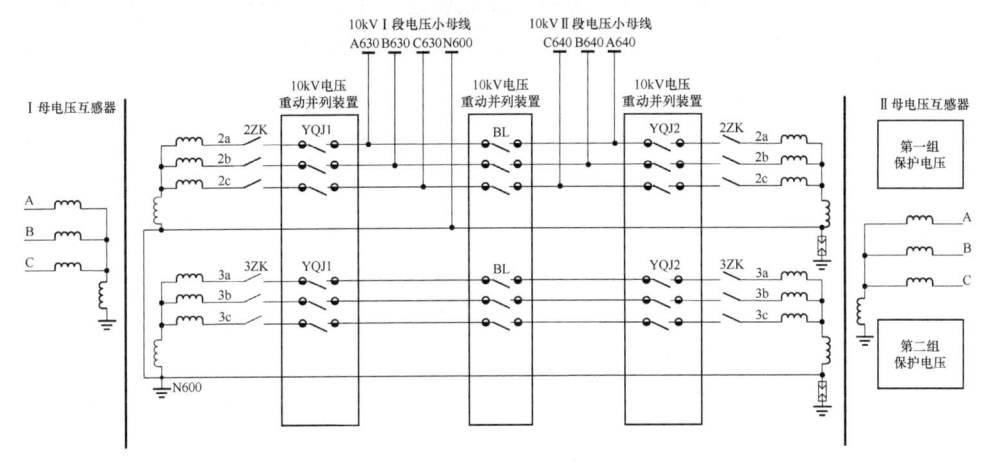

图 2-9　采用电压并列装置重动接点的电压回路

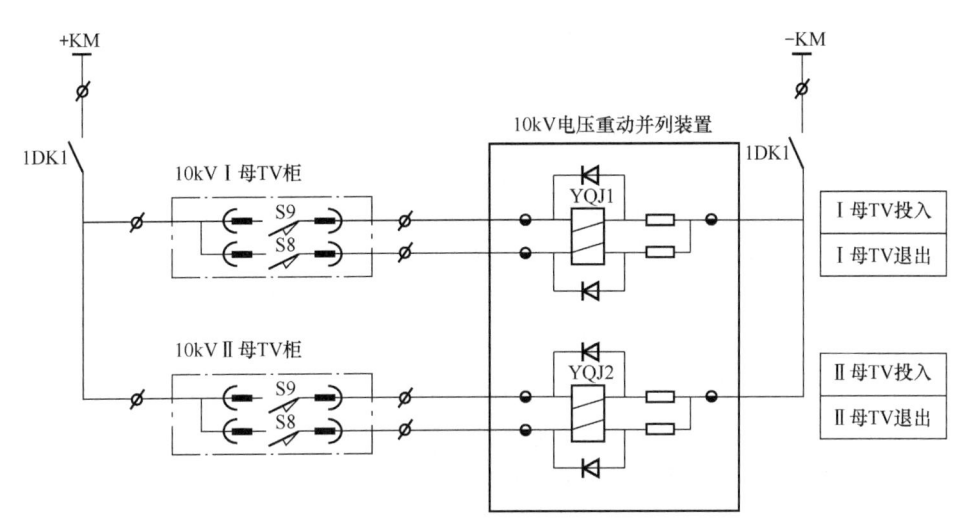

图 2-10　采用电压并列装置重动接点的控制回路

第一种（图 2-4）采用 TV 手车位置辅助接点完成电压重动，回路简单可靠，但是每组电压二次绕组都需要一组手车工作位置的辅助接点，其辅助接点的数量要求较多；第二种（图 2-9）采用并列装置的重动继电器接点，运行中可能会发生接点粘连的情况，进而出现电压互感器二次反充电，可靠性没有手车位置辅助接点高，但优点是通过一组手车工作位置接点就可以完成各电压绕组的重动。因此，目前在工程应用中建议优先采用 TV 手车工作位置辅助接点直接实现各二次绕组电压的重动，如确有困难时，对于部分非保护电压回路可采用电压并列装置的重动接点。

2. 双位置输入方式

根据"九统一"设计规范的要求，110kV 及以下电压等级配置单套电压并列装置，采用双位置输入方式。在电压二次回路中，相关的位置输入继电器主要有电压并列继电器和重动继电器。

（1）电压并列继电器。图 2-8 中电压并列控制回路采用的并列继电器即为双位置继电器，当并列条件都满足后，动作线圈得电继电器动作，此时即使并列回路失去控制电源，并列继电器也不会返回，二次电压并列状态能够保持。只有当解列条件满足，返回线圈得电后，并列继电器才会返回，二次电压解列。如采用单位置并列继电器时，当并列装置控制电源失电后，并列继电器失电返回，并列接点断开后直接导致二次电压解列。

（2）电压重动继电器。电压重动回路采用电压并列装置内部重动接点的方式，如图 2-10 中采用的是双位置继电器，重动继电器动作后只有在 TV 手车试验位置辅助接点 S8 闭合后，重动继电器才会返回。如果采用单位置输入的继电器，并列装置控制电源失电后引起重动接点返回，将直接导致二次回路失压。

第四节 断路器合智装置控制回路及相关信号

断路器的控制回路一般以插件的形式集成在合智装置中，合智装置收到保护或测控装置的 GOOSE 控制命令后进行解析判断，驱动控制回路中的相关继电器，实现对断路器的分合闸操作。除此之外，合智装置所带的控制回路还能实现手动分合闸、主变压器非电量保护跳闸及分合闸回路监视等功能。

在传统综合自动化变电站中，"控制回路断线""事故总"等信号一般由控制回路中的继电器及其接点生成，再通过二次电缆接入相关的保护或测控装置，而在智能变电站中，合智装置通过内部逻辑合成这些信号，并通过虚回路上送给相关的保护或测控装置，其实现形式虽然不是电缆回路，但由于与合智装置控制回路密切相关，因此也在本节中进行介绍。

一、断路器控制回路

以某型号合智装置为例，介绍其操作插件中的典型控制回路。图 2-11 为断路器合智装置控制回路原理展开图。

1. 手动合闸/遥控合闸回路

手动合闸和遥控合闸都是有人员操作的合闸，都会驱动合后继电器 KKJ 动作，区别是手动合闸回路是通过电缆方式输入手动合闸硬接点，遥控合闸是测控装置将 GOOSE 合闸命令发送给合智装置，合智装置转换后驱动遥控合闸硬接点完成断路器合闸。

将远方/就地转换开关 QK 打至就地位置（①-②），在满足五防闭锁条件后，通过测控装置的就地控制开关 KK（①-②）将合闸回路正电导通，合后继电器 KKJ 动作，同时启动合闸保持继电器 HBJ，HBJ 动作后，其常开接点 HBJ 闭合，使得 HBJ 继电器自保持在动作状态。合闸脉冲通过 HBJ 到达断路器合闸线圈 HQ，直到断路器合闸完成，断路器常闭接点 DL 断开，切断 HBJ 的自保持回路，HBJ 继电器返回，合闸过程结束。

将远方/就地转换开关 QK 打至远方位置（③-④），当合智装置的"测控合闸"虚端子收到测控装置的 GOOSE 合闸命令后，驱动遥合继电器接点 YHJ 闭合，将合闸回路正电引入，其后的合闸过程和手动合闸过程完全一致。

2. 手动分闸/遥控分闸回路

将远方/就地转换开关 QK 打至就地位置（①-②），操作就地控制开关 KK（③-④），将分闸回路正电导通，手跳继电器 STJ 动作，合后继电器 KKJ 复归，同时启动跳闸保持继电器 TBJ，TBJ 动作后其常开接点 TBJ 闭合，使得 TBJ 继电器实现自保持。分闸脉冲通过 TBJ 到达断路器分闸线圈 TQ，直到断路器分闸完成，断路器常开接点 DL 断开，切断 TBJ 的自保持回路，TBJ 继电器返回，分闸过程结束。

将远方/就地转换开关 QK 打至远方位置（③-④），当合智装置的"测控跳闸"虚端子收到测控装置的 GOOSE 分闸命令后，驱动遥分继电器接点 YTJ 闭合，将分闸回路正电引入，其后的分闸过程和手动分闸过程完全一致。

3. 保护合闸回路

合智装置的"保护重合闸"虚端子收到来自保护或备自投装置的 GOOSE 合闸命令后，驱动控制回路中的合闸继电器接点 HJ 闭合，经过保护合闸出口硬压板 4CLP2 后启动 HBJ，完成断路器的保护合闸。

4. 保护跳闸回路

合智装置的"保护跳闸"或"保护永跳"虚端子收到来自保护或备自投装置的 GOOSE 命令后，驱动控制回路中的跳闸继电器接点 TJ 闭合，经过跳闸出口硬压板 4CLP1 后启动 TBJ，完成断路器的保护跳闸。合智装置"保护跳闸"与"保护永跳"虚端子的差异为前者只实现断路器跳闸，不生成闭锁重合闸信号，而后者在跳闸的同时合智装置会生成闭锁重合闸的信号。在 110kV 进线配置有线路保护时，该信号可以用来闭锁线路保护重合闸功能。

保护跳闸回路和手动分闸（遥控分闸）回路之间串有二极管，使得跳闸继电器接点 TJ 动作时不会复归合后继电器 KKJ，这是手动分闸（遥控分闸）回路和保护跳闸回路之间的区别，可以以此生成"事故总"信号及启动线路保护重合闸。

5. 保护永跳回路

保护永跳外部硬接点开入时启动 TJR 继电器，TJR 接点动作启动 TBJ，实现断路器跳闸、闭锁重合闸，并启动失灵保护。110kV 智能变电站均未配置失灵保护，因此保护永跳外部开入时，合智装置主要作用是在断路器跳闸的同时生成闭锁重合闸信号。

6. 主变压器非电量保护跳闸回路

来自变压器非电量保护的跳闸接点 CKJ1 通过二次电缆接入控制回路的 TJF 直跳接点，TJF 常开接点闭合，启动跳闸保持继电器 TBJ，TBJ 动作后，其常开接点 TBJ 闭合，使得 TBJ 继电器自保持在动作状态，最终完成断路器的跳闸。

7. 防跳回路

断路器合闸时，合闸脉冲因手合接点粘连或合闸脉冲展宽过长等原因而一直存在的情况下，如果遇到一次系统永久性故障，在继电保护动作使断路器分闸后，会出现断路器连续合闸又分闸的"跳跃"现象。

在合智装置控制回路中，防跳功能是通过跳闸保持继电器 TBJ 和防跳继电器 TBJV 共同实现的。当断路器跳闸时，跳闸保持继电器 TBJ 动作启动跳闸保持回路，同时防跳继电器 TBJV 回路中的 TBJ 常开接点闭合。如果此时合闸脉冲一直存在，则防跳继电器 TBJV 带电动作，其常开接点闭合，形成自保持回路，同时合闸回路中的 TBJV 常闭接点断开，切断合闸回路，防止断路器再次合闸。只有当合闸脉冲解除，TBJV 返回后，合闸回路才会恢复正常。

根据"九统一"设计规范，推荐采用断路器本体机构内部的防跳回路，而不采用合智装置控制回路中的防跳功能。图 2-11 中 S2 短接线将合闸回路中的 TBJV 常闭接点进行短接，直接取消了控制回路的防跳功能。

8. 合闸/分闸监视回路

跳闸位置继电器 TWJ 和合闸位置继电器 HWJ 用来监视控制回路是否完好。HWJ 并接于跳闸回路，该回路在断路器跳闸线圈之前串有断路器的常开接点，TWJ 一般并接于合闸回路，该回路在断路器合闸线圈之前串有断路器的常闭接点。当断路器处于合位时，断路器常开接点闭合，常闭接点断开，HWJ 带电动作，HWJ=1，TWJ=0，表明分闸回路完好；当断路器处于分位时，断路器常开接点断开，常闭接点闭合，TWJ 带电动作，HWJ=0，TWJ=1，表明合闸回路完好。

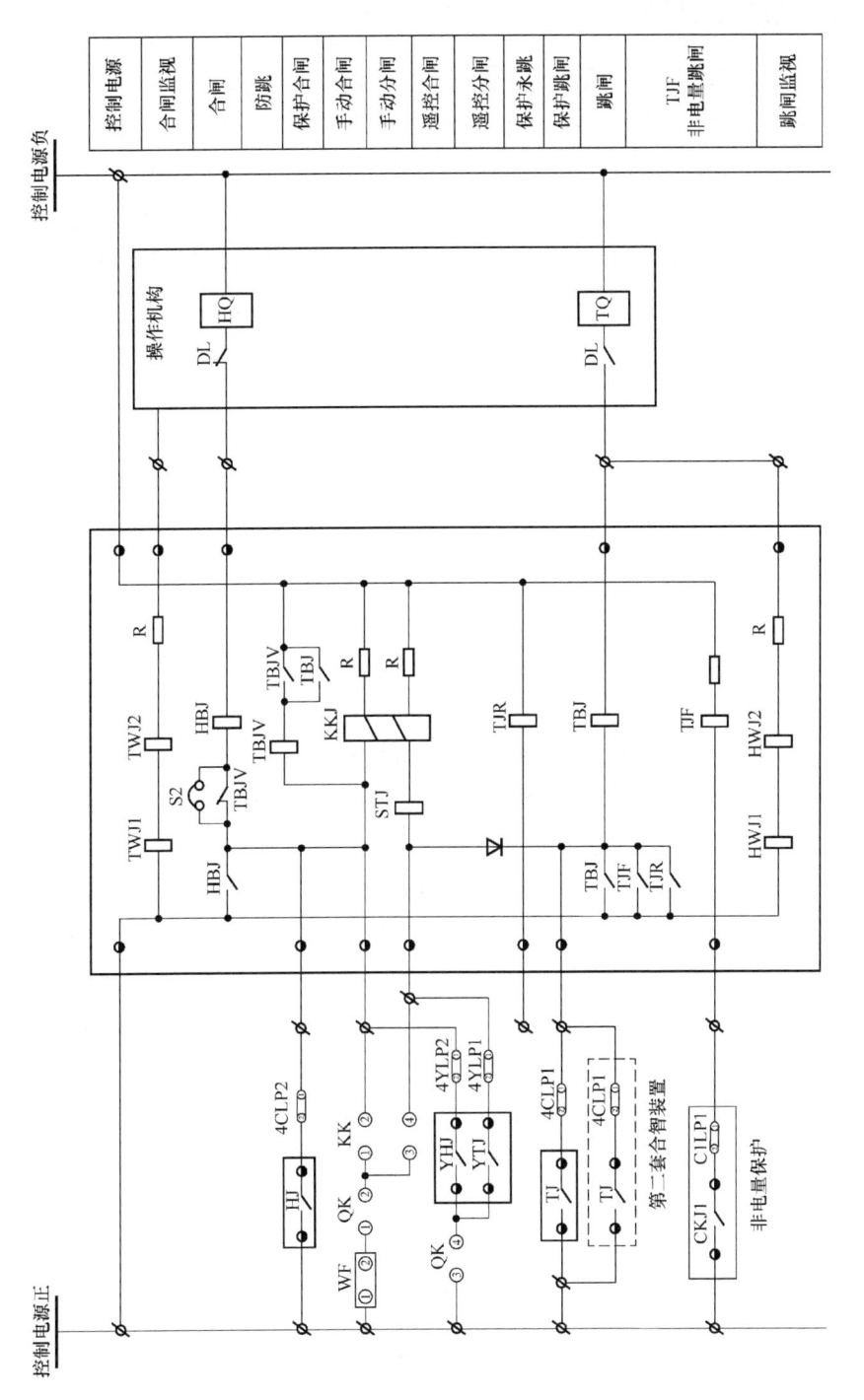

第二章 110kV智能变电站典型二次电缆回路

图 2-11 断路器第一套合智装置控制回路

二、相关合成信号

1. 控制回路断线告警

在上一小节中已经介绍过，断路器控制回路由 TWJ 和 HWJ 共同监视，TWJ 监视合闸回路是否完好，HWJ 监视跳闸回路是否完好，控制回路断线信号的判别逻辑如图 2-12 所示。当控制回路完好时，TWJ 和 HWJ 总有一个带电为 1，不会报控制回路断线告警；当 TWJ 和 HWJ 同时失电变为 0 时，报控制回路断线告警。在断路器的实际动作过程中，TWJ 和 HWJ 的变位并不是完全同步的，中间一般会有数十毫秒的时间两者同时为 0，因此一般采用增加判断延时的方法来避免误发告警信号。

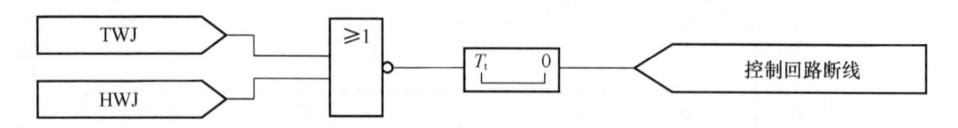

注：T_t 为控制回路断线判断延时，一般为 500～1000ms。

图 2-12 控制回路断线信号判别逻辑

2. 事故总告警

变电站的间隔事故总信号根据位置不对应的原理生成，在传统综合自动化变电站中采用合后位置继电器 KKJ 的常开接点和跳闸位置继电器 TWJ 的常开接点串联生成该信号。在智能变电站中，由于智能终端已经接入了断路器辅助位置，因此往往采用断路器分位和 KKJ 进行逻辑判断，如图 2-13 所示。正常运行时，断路器处于合位，合后继电器 KKJ=1，不发事故总告警；当手分或遥分断路器时，断路器分开，但 KKJ 也复归返回变为 0，也不会发出"事故总"告警；只有当保护动作跳开断路器或者断路器偷跳时，断路器位置变为分位，而 KKJ 仍然保持为 1，发出"事故总"告警。

为了避免在断路器正常合闸操作瞬间，KKJ 接点闭合而断路器跳闸位置还未变位时误发"事故总"告警，一般对该信号增加一定的判断延时。

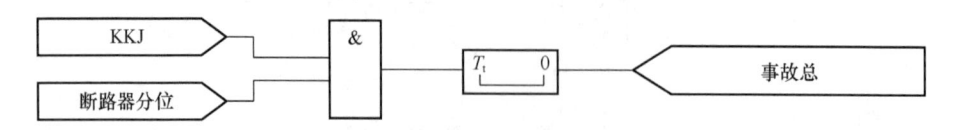

注：T_t 为"事故总"信号判断延时，一般为 500～1000ms。

图 2-13 "事故总"信号生成逻辑

第二章　110kV 智能变电站典型二次电缆回路

3. 闭锁重合闸

合智装置能够生成并发送"闭锁重合闸"的 GOOSE 信号，也可以输出闭锁重合闸的硬接点，详细逻辑如图 2-14 所示。

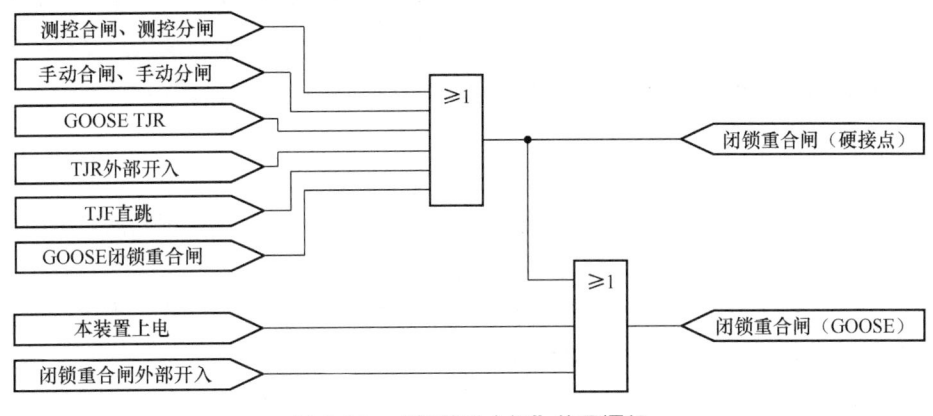

图 2-14　"闭锁重合闸"信号逻辑

合智装置的"闭锁重合闸"硬接点信号的生成逻辑为：测控 GOOSE 合闸、测控 GOOSE 分闸、手动合闸、手动分闸、保护永跳（包括 GOOSE 开入和外部电缆硬开入）、TJF 直跳和闭锁重合闸 GOOSE 开入的"或"逻辑，该硬接点信号可以用来发送给另一套合智装置。"闭锁重合闸"GOOSE 信号的生成逻辑是在上述条件基础上增加本装置上电和闭锁重合闸硬接点开入，该 GOOSE 信号可以通过虚回路接至本套线路保护，实现闭锁线路保护重合闸的功能。

三、断路器采用双套合智装置时的相关问题

目前，工程中应用的 110kV 及以下电压等级的断路器一般只使用一个跳闸线圈和一个合闸线圈，在采用双套合智装置的配置模式时，两套合智装置的控制回路和相关信号之间必须有所配合。

1. 控制回路之间的配合

110kV 智能变电站中主变压器保护双套配置，分别与两套合智装置进行信息交互，工程应用中推荐将第一套合智装置的跳闸回路接入断路器跳闸线圈，将第二套合智装置的保护跳闸接点通过电缆与第一套合智装置的跳闸接点并接在一起，如图 2-11 中的虚框所示。断路器第二套合智装置在收到主变压器第二套保护的动作信号后，跳闸继电器接点 TJ 闭合，通过第二套合智装置的保护跳闸硬压板后，驱动第一套合智装置的控制回路，实现断路器的跳闸。具有合闸功能的测控装置、线路保护和备自投装置都是单套配置，且都仅与第一套合智装置进行信

息交互，因此将第一套合智装置的合闸回路接入断路器的合闸线圈，第二套合智装置的合闸回路不接入。

由此可见，采用双套合智装置配置模式时，第一套合智装置具备完整的断路器分合闸功能；第二套合智装置不具备合闸功能，在分闸功能上实现的是将第二套保护的 GOOSE 跳闸信号进行光电转换，在转换为跳闸硬接点后接入第一套合智装置的控制回路，断路器跳闸最终还是通过第一套合智装置的控制回路实现的。

2. 控制回路断线信号

第一套合智装置接入了完整的断路器机构分合闸回路，在控制回路异常时能够准确生成控制回路断线信号。第二套合智装置未接入断路器机构的分合闸回路，其控制回路中的 TWJ 和 HWJ 继电器在正常运行时都不会动作，因此会误生成控制回路断线的信号，干扰运维监控人员。

因此，建议在工程应用中将第二套合智装置的控制回路断线信号进行屏蔽，防止误报而干扰设备正常运行，断路器控制回路的完整性只由第一套合智装置进行监视。

3. 第二套合智装置的控制电源

第二套合智装置未接入断路器机构的分合闸回路，其跳闸功能最终也是通过第一套合智装置的控制回路实现的。换言之，第二套合智装置其实并不需要控制电源，而只需要合智装置的装置电源即可。实际工程中，往往在出厂时已经在设备屏柜中配置了第二套合智装置的控制电源空气开关，现场使用时建议取消该控制电源空气开关，既有利于 GIS 汇控柜的空间布置，减少不必要的电源回路，又可以防止该空气开关发生异常，干扰运维监控人员的判断和处理。

4. 第二套合智装置是否接入断路器位置

在智能变电站中，断路器及闸刀的位置采用"双点"方式，即将断路器辅助位置的常闭接点接入合智装置的"分位"遥信开入位置，将常开接点接入"合位"遥信开入位置，如图 2-15 所示。合智装置根据这两个接点的开入状态来判断并发布断路器的实际位置。

在只配置一套智能终端或合智装置时，其他装置需要断路器位置时只能从该合智装置获得。当采用双套合智装置的配置模式时，对于第二套合智装置是否接入断路器辅助位置，存在过两种方式：①断

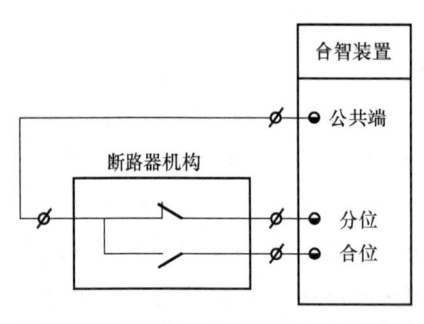

图 2-15 断路器双点位置接入合智装置

路器辅助位置仍只需接入第一套合智装置,由第一套合智装置来发布断路器实际位置,第二套合智装置的相关回路不接,且为避免第二套合智装置面板上的"断路器合位""断路器分位"等指示灯干扰正常运行状态判断,可将其相应功能退出。此时,110kV 第二套母线合并单元也必须从 110kV 第一套母分合智装置获取断路器位置,以实现电压并列;②第一套合智装置和第二套合智装置均接入断路器辅助位置,这样两套合智装置都能生成断路器的位置,110kV 第二套母线合并单元从对应的第二套母分合智装置获取位置也可实现电压并列。在目前智能变电站工程实际应用中,从简化回路、方便设备现场运维角度建议断路器辅助位置只接入第一套合智装置,不接入第二套合智装置。

第五节 变压器非电量保护二次回路

智能变电站变压器的非电量保护与主变压器本体智能终端共同集成在一个装置内,就地直接采集变压器的非电量保护信号,通过二次电缆完成保护的动作出口,同时由主变压器本体智能终端通过光纤上送 GOOSE 报文形式的非电量保护动作信息。由此可见,智能变电站的非电量保护整组回路仍以二次电缆为主,只是非电量保护信号的上送采用了光纤虚回路。

本节首先介绍主变压器非电量保护的整组回路及非电量保护电源的不同监视方式,最后根据当前工程现状对智能变电站主变压器非电量保护闭锁 110kV 备自投回路的多种实现方式进行分析和比较。

一、非电量保护整组回路

变压器非电量保护整组回路主要由非电量保护动作信号开入回路、中间继电器重动回路和非电量跳闸出口回路构成,如图 2-16～图 2-18 所示。前两部分完成主变压器非电量保护动作信号的输入及扩展,后者完成主变压器各侧断路器的跳闸及 110kV 备自投的闭锁。

1. 非电量保护动作信号开入回路

主变压器非电量保护反应变压器油箱内部的各类异常或故障,其中一类保护如轻瓦斯保护、油位异常等,反应变压器内部轻微故障或者异常运行情况,一般只需要发出相关告警信号;另一类如重瓦斯保护,反应油箱内部严重故障,除了发出告警信号外,还必须瞬时跳开主变压器各侧断路器以隔离故障。

第一类保护以本体轻瓦斯保护为例,如图 2-16(a)所示,当主变压器内部故障产生轻微瓦斯气体或者油面降低时,瓦斯继电器内的浮球下沉,带动相应的接点闭合，非电量保护正电源开入装置，点亮对应的告警灯，同时主变压器本体智能终端将该告警信号以 GOOSE 报文形式发送给主变压器测控装置后上送站控层，提醒运维监控人员。

第二类保护以主变压器本体重瓦斯保护为例，当主变压器本体内部发生严重故障时，在短路电流的作用下，绝缘油及其他材料受热分解，产生大量瓦斯气体，这些气体带动油流向储油柜方向，快速冲击瓦斯继电器的浮球（或挡板），带动图 2-16（b）中相应的接点闭合，启动继电器 CDJ1，点亮对应的告警灯，同时主变压器本体智能终端也将该告警信号以 GOOSE 报文形式通过主变压器测控装置上送站控层。

2. 非电量保护重动及跳闸回路

对于第二类需要跳开断路器的保护，如图 2-16（b）中，本体重瓦斯保护动作信号开入启动继电器 CDJ1 后，CDJ1 接点闭合启动继电器 TJ1，接着图 2-17 中的 TJ1 接点闭合，在本体重瓦斯跳闸功能压板 4KLP1 投入的情况下，启动出口继电器 CKJ，图 2-18 跳闸出口回路中各 CKJ 跳闸接点闭合，经跳闸出口硬压板和闭锁备自投硬压板后，跳开主变压器各侧断路器及闭锁 110kV 备自投。

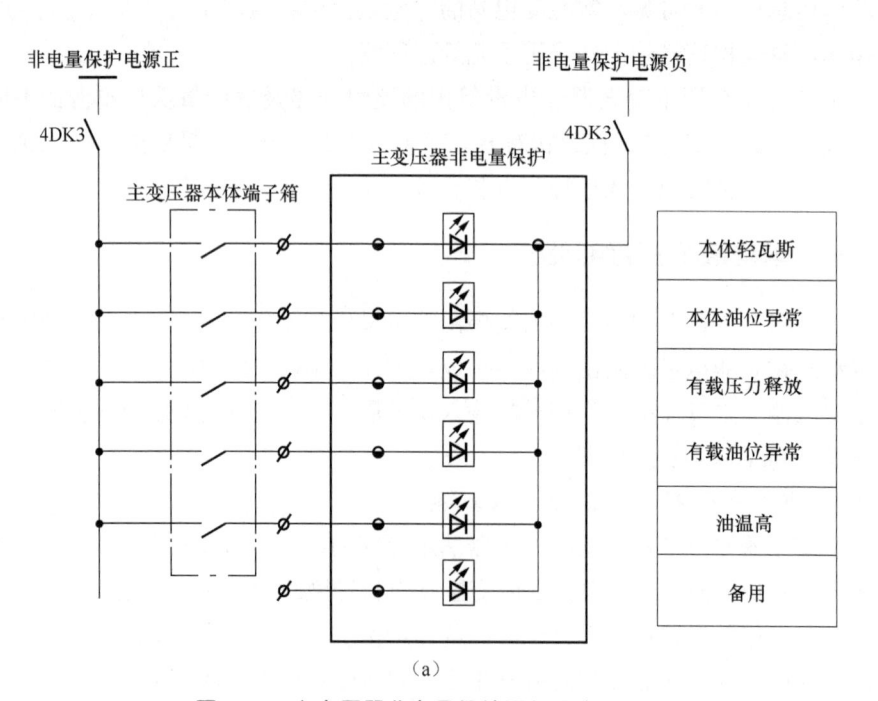

(a)

图 2-16 主变压器非电量保护开入回路（一）

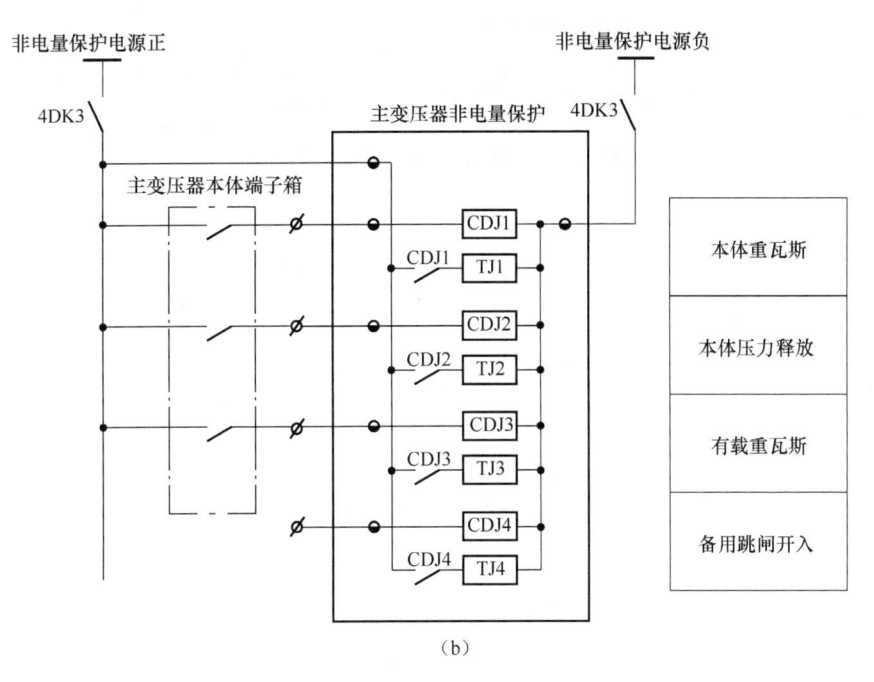

第二章　110kV 智能变电站典型二次电缆回路

(b)

图 2-16　主变压器非电量保护开入回路（二）

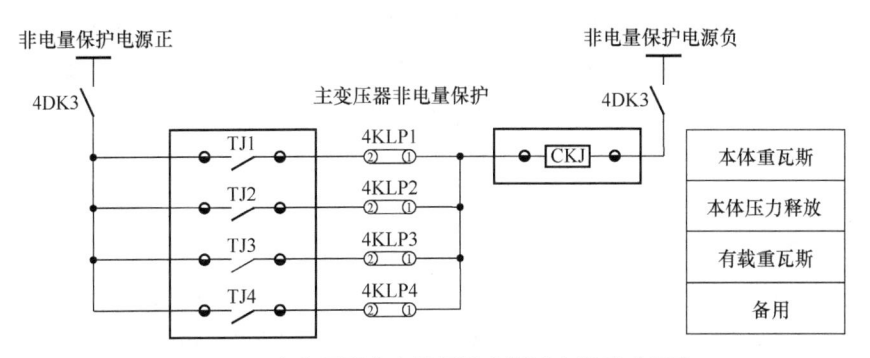

图 2-17　主变压器非电量保护中间继电器重动回路

具体来说，对于跳主变压器各侧断路器的回路，非电量保护的跳闸出口通过二次电缆直接接到各侧断路器第一套合智装置控制回路的"TJF 非电量跳闸"输入接点，如本章第四节的图 2-11 所示。当跳闸出口回路中 CKJ 跳闸接点闭合后，通过出口硬压板将控制电源正电引入控制回路，直接启动出口中间继电器，作用于断路器的跳闸线圈，实现相应断路器的跳闸。

对于主变压器非电量保护闭锁 110kV 备自投的回路，将在本节的第三部分做详细介绍分析。

45

```
主变压器非电量保护
┌─────────────────┐
│  CKJ1    C1LP1  │──→ 跳110kV进线断路器
│  CKJ2    C1LP2  │──→ 跳110kV母分断路器
│  CKJ3    C1LP3  │──→ 跳110kV备用
│  CKJ4    C2LP1  │──→ 跳主变压器10kV断路器1
│  CKJ5    C2LP2  │──→ 跳主变压器10kV断路器2
│  CKJ6    C3LP1  │──→ 闭锁110kV备自投
│  CKJ7    C3LP2  │──→ 备用
└─────────────────┘
```

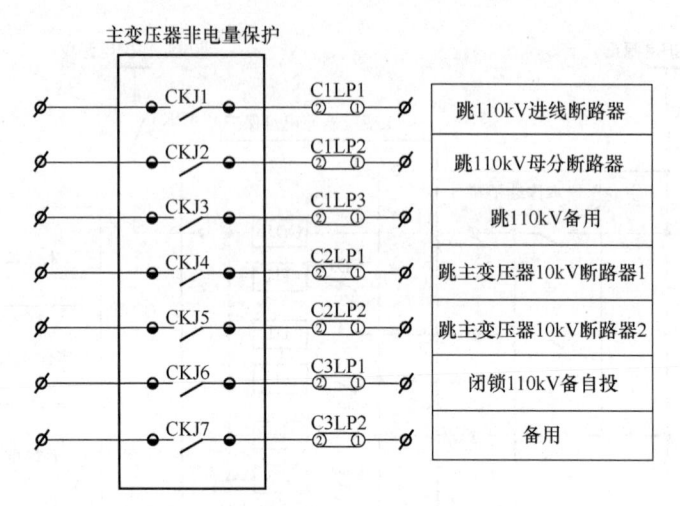

图 2-18　主变压器非电量保护跳闸出口回路

二、非电量保护电源监视方式

主变压器非电量保护虽然和本体智能终端集成在一个装置内，但为了避免本体智能终端故障后影响非电量保护的正常运行，应设置独立的空气开关，分别对非电量保护电源、本体智能终端装置电源和本体智能终端遥信电源进行供电。

由上述非电量保护动作过程的分析可知，非电量保护内部各种继电器依赖非电量保护电源才能正常动作，因此该电源是非电量保护正确动作的必要条件，对其状态进行监视就显得尤为重要。目前，在智能变电站工程应用中主要有以下四种非电量保护电源的监视方式：

1. 直接转发非电量保护电源消失的 GOOSE 信号

本体智能终端提供独立的非电量保护电源消失的 GOOSE 开出信号，如某型号本体智能终端提供可以反应非电量保护电源状态的"控制母线失电 1""控制母线失电 2"虚端子，可直接将该告警信号通过虚回路接入主变压器测控装置的普通遥信开入虚端子，如图 2-19 所示。当非电量保护电源失电时，主变压器测控装置收到上述"控制母线失电"的告警后，将该告警信号上送站控层设备，点亮相应的告警光字牌，提醒运维监控人员。

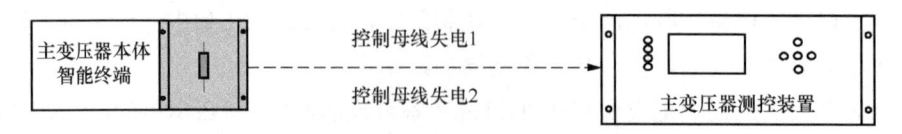

图 2-19　本体智能终端直接转发非电量保护失电 GOOSE 信号

2. 将非电量保护电源消失信号的常闭硬接点接入本体智能终端

某型号本体智能终端非电量保护插件提供独立的非电量保护电源消失信号的常闭硬接点，可将其接入本体智能终端的普通备用遥信开入端子，经本体智能终端转换为 GOOSE 信号后由虚回路接入主变压器测控装置。如图 2-20 所示，非电量保护失电告警的常闭接点接入本体智能终端的开入 1 位置，将本体智能终端内与遥信开入 1 对应的虚端子命名为"非电量保护电源消失"，当非电量保护电源失电时，该常闭接点闭合，主变压器测控装置将收到非电量保护电源消失的告警。

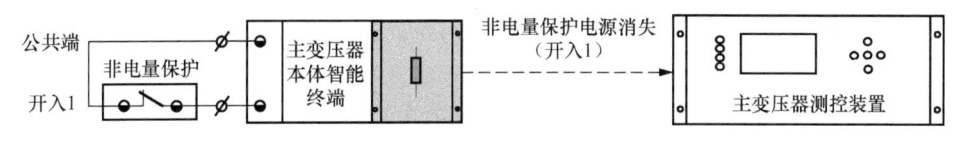

图 2-20 非电量保护电源消失的硬接点监视方式

3. 将非电量保护电源空气开关辅助接点接入本体智能终端

如本体智能终端未提供独立的非电量保护直流消失告警信号，一般在回路设计中会将非电量保护直流电源空气开关的状态作为失电判断的依据。取非电量保护电源空气开关的常闭接点，接入本体智能终端的遥信开入端子，形成 GOOSE 信号，由虚回路接入主变压器测控装置。如图 2-21 所示，4DK3（3-4）为非电量保护电源空气开关的辅助接点，接入遥信开入 1 位置，通过虚回路发送给主变压器测控装置。

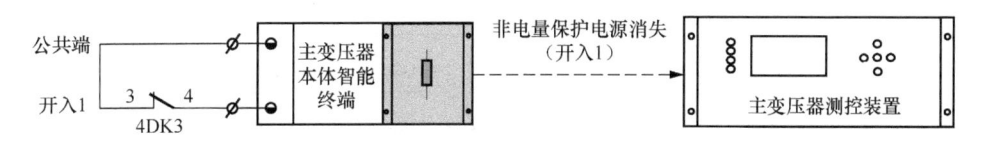

图 2-21 监视非电量保护电源空气开关的方式

采用这种模式时，当空气开关 4DK3 跳开后，辅助接点（3-4）闭合，本体智能终端将开入 1 的非电量保护失电告警信号由虚回路发送给主变压器测控，此时能够正确反应非电量保护电源消失的状态。如果非电量保护电源回路的二次电缆出现松动或其上级电源失电，而空气开关 4DK3 仍然处于合位，此时辅助接点（3-4）不会闭合，也就不会生成非电量保护电源失电告警，因此这种方式存在非电量保护电源监视不全面的隐患。

4. 将非电量保护电源空开辅助接点直接接入主变压器测控装置

智能变电站工程中还有一种方式,即将非电量保护电源空气开关的常闭接点直接通过二次电缆接入主变压器本体测控装置。这种方式原理上与上述第 3 种方式一致,都是监视非电量保护电源空气开关的状态,实现形式上需要单独使用从主变压器本体汇控柜到主控室的二次电缆,与第 3 种方式相比增加了二次电缆的使用。

三、非电量保护闭锁 110kV 备自投方式比较

主变压器非电量保护动作后,应通过二次回路实现闭锁 110kV 备自投的功能,在智能变电站不同时期的工程应用中,该回路出现过多种不同的实现方式。

1. 纯电缆回路方式

非电量保护独立的跳闸接点经出口硬压板后,直接由电缆接至 110kV 备自投装置的闭锁开入硬接点。如图 2-22 所示,跳闸出口接点 CKJ6 经硬压板 C3LP1 后接入备自投装置的闭锁开入硬接点。

如果备自投装置有"1 号主变压器保护动作""2 号主变压器保护动作"或"闭锁自投方式 3""闭锁自投方式 4"的开入硬接点,则将每台主变压器的非电量闭锁量接入相对应的闭锁开入点,如图 2-22(a)和图 2-22(b)所示;如果备自投装置只有"闭锁分段备自投"的开入硬接点,则两台主变压器的非电量闭锁回路都接入该硬接点,如图 2-22(c)所示。

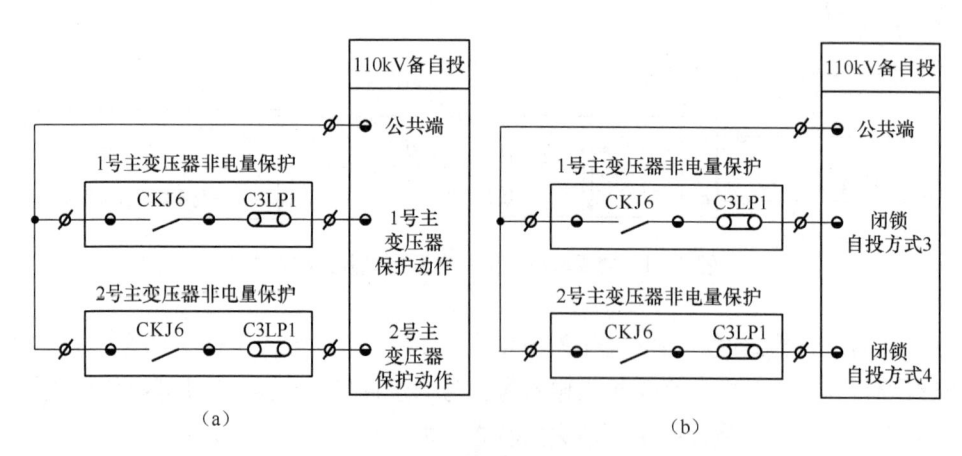

图 2-22 纯电缆回路方式闭锁不同开入设置方式的备自投(一)

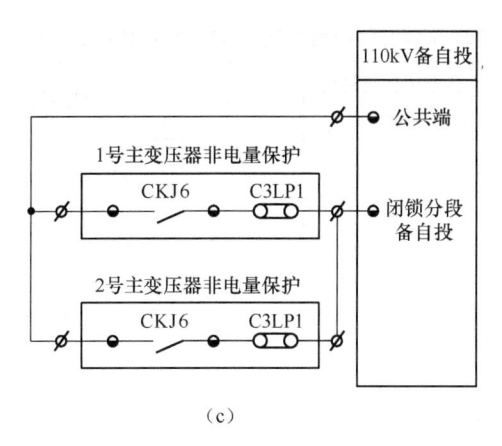

第二章　110kV 智能变电站典型二次电缆回路

(c)

图 2-22　纯电缆回路方式闭锁不同开入设置方式的备自投（二）

这种纯电缆回路的方式和传统综合自动化变电站完全一致，回路清晰简单，现场运维操作方便，是目前工程应用中可选择的方式之一。但是，"九统一"设计规范只要求智能备自投装置具有"备自投总闭锁"的开入硬接点，而不强制要求具有"1 号主变压器保护动作""2 号主变压器保护动作"或"闭锁分段自投"的开入硬接点，因此当备自投装置只具备"备自投总闭锁"的开入硬接点时，就不能直接用电缆将主变压器保护动作信号接入，否则会出现主变压器保护误闭锁备自投的情况。

2. 由主变压器本体智能终端转发闭锁量

非电量保护与本体智能终端共同集成在一个装置内，因此本体智能终端获取非电量保护的动作信息较为便利，这也是选择本体智能终端转发闭锁量的出发点。在具体实现模式上，存在两种不同的方式。

（1）非电量保护独立的跳闸接点经出口硬压板后，直接由电缆接至主变压器本体智能终端的普通备用遥信开入硬接点，由本体智能终端转发与该备用遥信接点相对应的 GOOSE 闭锁信号给 110kV 备自投装置。如图 2-23 所示，将独立的非电量保护跳闸接点 CKJ6 接入备用的遥信开入接点 5 的位置，把遥信开入 5 的虚端子命名为"闭锁高压侧备自投"，以 GOOSE 报文形式转发给 110kV 备自投。

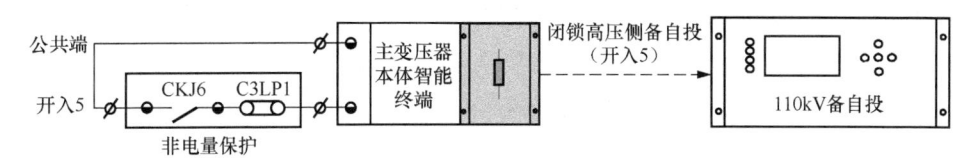

图 2-23　本体智能终端转发外部闭锁信号的方式

主变压器本体智能终端与 110kV 备自投之间的虚回路信息流见表 2-1。

表 2-1　本体智能终端转发外部信号闭锁 110kV 备自投的 GOOSE 信息流

本侧装置	主变压器本体智能终端虚端子	信息流向	对侧装置	备自投虚端子
1号主变压器本体智能终端	闭锁高压侧备自投	>>>>	110kV 备自投装置	1号主变压器保护动作 3
2号主变压器本体智能终端	闭锁高压侧备自投	>>>>	110kV 备自投装置	2号主变压器保护动作 3

（2）如图 2-24 所示，非电量保护接点从主变压器本体端子箱开入到非电量保护后，本体智能终端会将这些信号通过 GOOSE 报文发送给主变压器测控装置，进而上送到站控层。本体智能终端将这些非电量动作信号中需要跳闸的那部分信号进行合成，产生一个所谓的"非电量总跳闸"虚端子信号，将此虚端子信号转发给 110kV 备自投装置，也可以实现在非电量保护动作跳闸的同时闭锁备自投。

图 2-24　本体智能终端转发"非电量总跳闸"信号的方式

主变压器本体智能终端与 110kV 备自投之间的虚回路信息流见表 2-2。

表 2-2　本体智能终端转发"非电量总跳闸"闭锁 110kV 备自投的 GOOSE 信息流

本侧装置	主变压器本体智能终端虚端子	信息流向	对侧装置	备自投虚端子
1号主变压器本体智能终端	非电量总跳闸	>>>>	110kV 备自投装置	1号主变压器保护动作 3
2号主变压器本体智能终端	非电量总跳闸	>>>>	110kV 备自投装置	2号主变压器保护动作 3

上述两种方式都是通过主变压器本体智能终端将 GOOSE 闭锁信号转发给备自投，都需要从本体智能终端单独敷设直连光纤至备自投装置，并额外占用备自投装置的两个接收光口（两台主变压器各一套非电量保护），同时其回路功能也必然受制于本体智能终端，如果本体智能终端故障停用或检修，将导致非电量保护闭锁备自投回路失效，可能会引起备自投误动。其中，第（1）种方式的闭锁回路有专用硬压板，便于现场运维操作，因此该方式在实际工程中有一定的应用。第（2）种方式从原理上看，"非电量总跳闸"GOOSE 信号具体由哪些非电量信号合成不够清晰明确，可能会误将不需要跳闸的非电量保护信号也合成进去，导

致误闭锁备自投，也可能遗漏合成需要跳闸的保护信号，造成备自投未闭锁；其次，整个回路中没有软压板或硬压板，不利于现场的运维操作，因此目前工程中不建议采用这种方式。

3. 由110kV进线第一套合智装置转发闭锁量

110kV进线第一套合智装置既与非电量保护有联系，又与110kV备自投相关联，因此可以考虑通过进线第一套合智装置转发非电量保护的闭锁量。在具体实现模式上，也存在两种不同的方式。

（1）110kV进线第一套合智装置收到非电量保护的直跳开入后，在跳开进线断路器的同时会生成"电缆直跳信号TJF"的GOOSE信号，同时由于合智装置操作插件的"TJF 非电量跳闸"接口也只接了非电量保护的跳闸接点，这就意味着当110kV进线合智装置产生"电缆直跳信号TJF"时，代表非电量保护动作跳闸，因此可直接将该"电缆直跳信号TJF"GOOSE信号用于闭锁备自投，如图2-25所示。

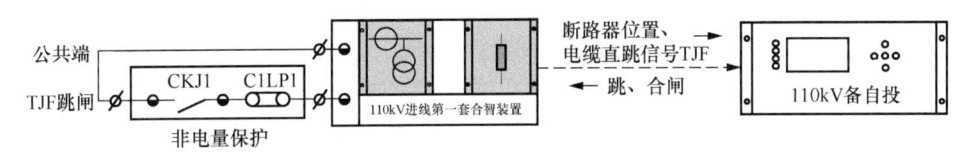

图2-25 110kV进线合智装置转发"电缆直跳信号TJF"信号的方式

这种方式不需要从非电量保护接单独的闭锁量至进线合智装置，并且由于110kV进线合智装置和备自投之间本来就已有直连光纤存在，因此只需添加相应虚回路即可实现该闭锁功能，相关信息流见表2-3。

表2-3 110kV进线合智装置转发"电缆直跳信号TJF"闭锁110kV备自投的GOOSE信息流

本侧装置	进线合智装置虚端子	信息流向	对侧装置	备自投虚端子
110kV进线1第一套合智装置	电缆直跳信号TJF	>>>>	110kV备自投装置	1号主变压器保护动作3
110kV进线2第一套合智装置	电缆直跳信号TJF	>>>>	110kV备自投装置	2号主变压器保护动作3

注：110kV进线合智装置与110kV备自投之间的其他虚回路信息流在第三章介绍。

（2）非电量保护独立的跳闸接点经出口硬压板后直接由电缆接至110kV进线第一套合智装置的普通备用遥信开入硬接点，由进线合智装置转发该遥信开入对应的GOOSE信号给110kV备自投装置。由于非电量保护与110kV进线第一套合智装置之间本来就存在用来实现跳闸的二次电缆，因此这种方式不需要再额外敷设二次电缆，只需多利用该电缆中的两根芯线即可。同时由于 110kV 进线合智装置与备自投装置之间本来就已有直连光纤存在，因此也不需要额外增加光纤，不额外占用备自投的接收光口，完整回路如图 2-26 所示，相关信息流见表 2-4。

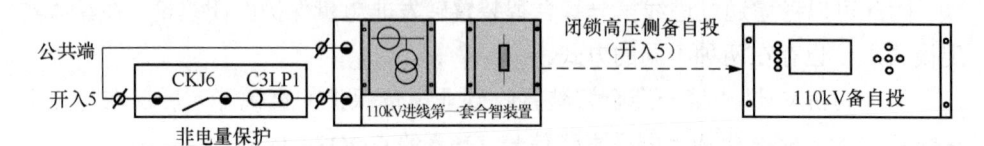

图 2-26 110kV 进线合智装置转发外部闭锁信号的方式

表 2-4 110kV 进线合智装置转发外部信号闭锁 110kV 备自投 GOOSE 信息流

本侧装置	进线合智装置虚端子	信息流向	对侧装置	备自投虚端子
110kV 进线 1 第一套合智装置	闭锁高压侧备自投	>>>>	110kV 备自投装置	1 号主变压器保护动作 3
110kV 进线 2 第一套合智装置	闭锁高压侧备自投	>>>>	110kV 备自投装置	2 号主变压器保护动作 3

这两种方式都是通过 110kV 进线第一套合智装置转发 GOOSE 闭锁信号，以实现闭锁 110kV 备自投的功能，且不需要额外敷设光纤或占用备自投装置接收光口。第（1）种方式只需添加闭锁备自投虚回路，实现起来比较便捷，但这种方式中非电量保护跳 110kV 进线断路器的二次电缆回路不仅实现跳闸功能，同时也实现闭锁备自投的功能，相当于跳断路器和闭锁备自投两个功能共用同一个回路和同一块出口硬压板，整个回路又没有其他软压板，这就使得两个功能无法单独进行投退，不利于现场运维操作。上述第（2）种方式是目前工程应用中推荐采用的方式，其优点为：①闭锁备自投回路有专用出口硬压板，便于现场运维操作；②即使当进线合智装置故障或检修，备自投装置本身就会放电或退出，不会因进线合智装置故障而引起备自投误动；③相比采用主变压器本体智能终端的方式，不需要单独敷设光纤，也不额外占用备自投装置的接收光口。

因此，目前 110kV 智能变电站主变压器非电量保护闭锁 110kV 备自投的实现方式主要有三种：①纯电缆方式，回路清晰简单，运维操作方便，但受到备自投开入硬接点设置方式的限制，不适用所有装置；②本体智能终端转发专用 GOOSE 闭锁量的方式，最方便理解，但回路功能受到本体智能终端的影响，也会多占用备自投装置的两个接收光口；③110kV 进线第一套合智装置转发专用 GOOSE 闭锁量的方式，该方式优势最为明显，是目前实际工程应用中推荐采用的方式。

第六节　断路器机构防跳回路

一、断路器跳跃与防跳

当断路器手动或自动合闸于永久性故障时，继电保护装置会动作跳闸，此时如果控制开关未及时复位，或者合闸接点出现粘连使得合闸命令持续保持，将导致断路器在跳闸后立刻再次合闸，出现连续反复多次跳合过程，即为断路器的"跳跃"现象。一旦断路器发生跳跃连续多次切合故障电流，不但会导致断路器机构损伤，严重时还可引起断路器爆炸，造成事故扩大，对系统或设备都构成极大的威胁。由此引出"防跳"的概念。

所谓防跳功能，就是当断路器同时收到跳闸和合闸命令时，能够在完成一次合闸动作后断开合闸回路，并将断路器可靠地置于跳闸位置。目前常用的防跳回路主要有保护操作箱（合智装置）防跳回路和断路器机构防跳回路。

二、防跳回路工作原理

1. 保护操作箱（合智装置）防跳回路

保护操作箱（合智装置）防跳指的是断路器控制回路中的防跳功能，在传统综合自动化变电站中，断路器控制回路一般位于断路器操作箱内，因此称为保护操作箱防跳。智能变电站的断路器控制回路集成在断路器合智装置中，因此本书在相关介绍中称之为"合智装置防跳回路"。在控制回路中，防跳功能是通过跳闸保持继电器 TBJ 和防跳继电器 TBJV 共同实现的。如图 2-11 所示的控制回路，当断路器跳闸时，跳闸保持继电器 TBJ 启动，在启动跳闸保持回路的同时，防跳继电器 TBJV 回路中的 TBJ 常开接点闭合。如果此时合闸脉冲一直存在，则防跳继电器 TBJV 动作，其常开接点闭合，形成自保持，同时串接于合闸回路中的 TBJV 常闭接点断开，切断合闸回路，防止断路器再次合闸。只有当合闸脉冲解除，TBJV 返回后，合闸回路才会恢复正常。

2. 断路器机构防跳回路

断路器机构防跳是指由断路器本体机构内部的二次回路实现的防跳功能。以图 2-27 所示的某型号 110kVGIS 断路器机构二次回路为例，断路器完成合闸后，断路器机构防跳回路中的断路器常开接点 DL（10-12）闭合。此时如果断路器合闸脉冲一直存在，即图中 X1-90 端子持续保持正电，防跳继电器 FTJ 将通过 DL（10-12）构成回路而动作，其常开接点 FTJ（3-4）闭合，形成自保持，串接在合闸回路中的常闭接点 FTJ（1-2）断开，从而切断合闸回路。因自保持回路的存在，即使断路器跳闸后 DL（10-12）断开，FTJ 也不会返回，从而持续保持合闸回路的断开，防止断路器再次合闸。只有当合闸脉冲解除，防跳继电器 FTJ 返回后，合闸回路才会恢复正常，才能进行下一次合闸。

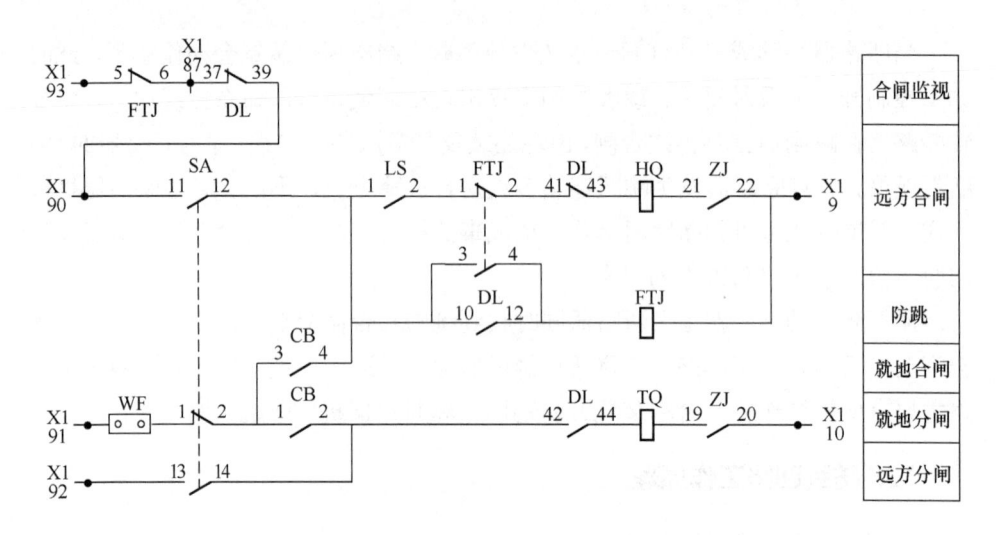

图 2-27 某型号 110kV GIS 断路器机构控制回路

3. 两种防跳原理的区别和应用

（1）防跳功能启动方式。合智装置防跳功能通过跳闸命令在跳开断路器的同时启动 TBJ 继电器，同时由合闸命令启动 TBJV 继电器切断控制回路中的合闸回路，即合智装置防跳功能需要同时有合闸命令和跳闸命令输入时才会启动，而断路器机构防跳功能在合闸脉冲到来时即可启动，不需要跳闸命令。

（2）防跳功能保护范围。合智装置防跳回路位于开关柜内的断路器合智装置控制回路中，在断路器就地操作时无法启动防跳功能进行保护，存在保护死区。断路器机构防跳回路对于来自控制回路的远方操作或在断路器机构本体的就地操作，都能正确启动防跳功能，保护范围更大。

从保护范围以及简化控制回路的角度出发，"九统一"设计规范、Q/GDW 11486—2022《继电保护及安全自动装置验收规范》等相关规程均推荐采用断路器本体机构内部的防跳回路，而不采用合智装置控制回路中的防跳回路。图 2-11 中短接线 S2 将合闸回路中的 TBJV 常闭接点进行短接，即使 TBJV 接点动作，合闸回路也不会被断开，相当于取消了合智装置的防跳功能。

三、断路器防跳回路与跳位监视回路配合问题

断路器跳位监视回路用于监视合闸回路的完好性，传统做法是将跳闸位置继电器 TWJ 引出至保护屏端子后，直接并接在合闸回路上，如图 2-28 所示。此时如果采用断路器机构防跳回路，两者之间必须有所配合，否则可能会因寄生回路导致断路器出现合分闸一次后无法再次合闸的异常现象。

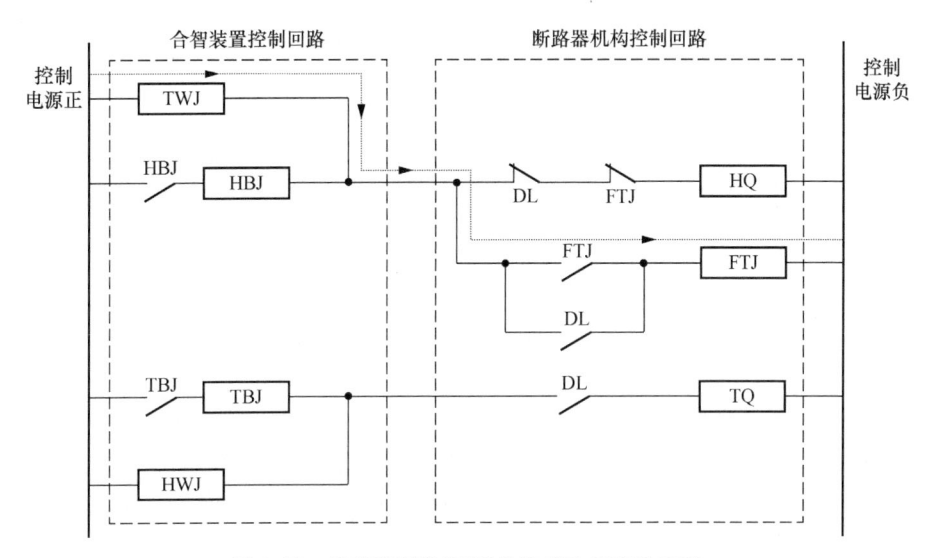

图 2-28 断路器控制回路传统接法及寄生回路

当断路器处于合位时，防跳回路中的断路器常开接点 DL 闭合，如图 2-28 中短虚线所示，控制电源通过继电器 TWJ 与断路器常开接点 DL 后，经过防跳继电器 FTJ 构成一个寄生回路。在该寄生回路中，如果继电器之间的参数配合不好，会存在断路器分闸后无法再次合闸的异常现象：断路器处于合位，当上述寄生回路中的防跳继电器 FTJ 动作时，继电器 FTJ 的常开接点会闭合形成自保持回路，与此同时合闸回路中的继电器 FTJ 常闭接点打开，断开了合闸回路。当操作分闸或者保护动作跳开断路器后，该寄生回路仍然保持导通，防跳继电器 FTJ 仍然处于动作状态，合闸回路依然处于断开状态，断路器也就无法再次合闸。

为解决上述问题，将合闸监视回路中的继电器 TWJ 串接断路器常闭接点 DL 后，再并接至合闸回路。如图 2-29 所示，当断路器处于合位时，合闸监视回路中的 DL 常闭接点断开，从根本上打断了断路器在合闸位置时继电器 TWJ 和 FTJ

形成的寄生回路，有效防止继电器 FTJ 动作出现的上述异常情况。但该优化措施并不完美，仍然存在其他问题需要解决。

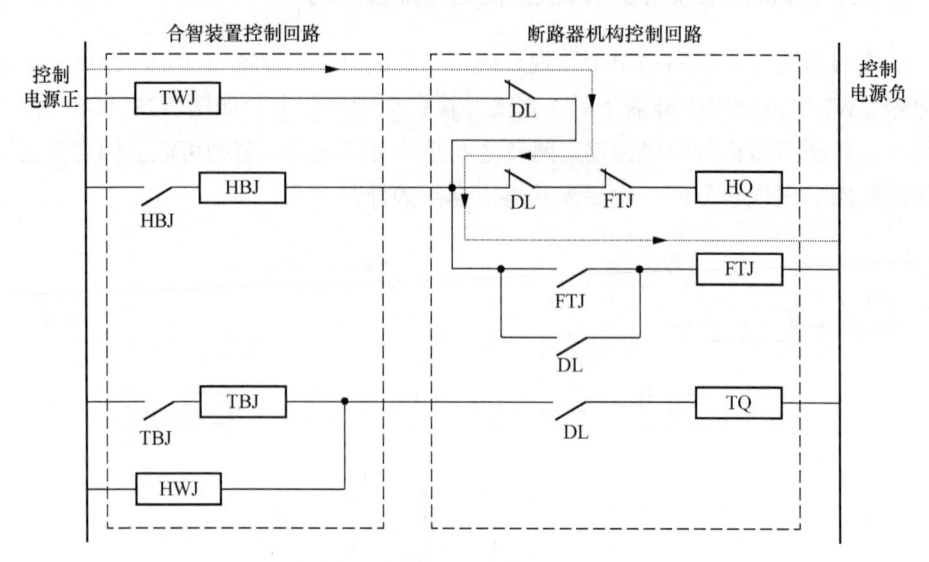

图 2-29　合闸监视回路串接断路器常闭接点 DL

当断路器由手合或保护重合于故障，在合闸完成后且合闸脉冲还未返回时，防跳回路中的常开接点 DL 闭合，防跳继电器 FTJ 由合闸命令启动动作，并形成自保持。由于合闸于故障，继电保护加速动作出口跳开断路器，使得合闸监视回路中的断路器常闭接点 DL 又迅速闭合，此后即使合闸命令返回，也将再次形成上述的寄生回路，导致在外部故障清除后断路器无法进行下一次合闸。

由此可见，出现上述异常情况的根源是在合闸脉冲保持的时间内，串联在合闸监视回路中的 DL 常闭接点因断路器跳开而闭合，再次使防跳继电器 FTJ 与合闸监视回路形成寄生回路。为进一步解决该问题，在合闸监视回路中再串联一副防跳继电器 FTJ 的常闭接点，如图 2-30 所示。这样当断路器合闸后且防跳继电器动作时，该串联的防跳继电器 FTJ 常闭接点动作，切断寄生回路，使得防跳继电器复归，能有效防止出现断路器合于故障后无法再次合闸的情况。

因此，目前实际工程中在采用断路器机构防跳时，均建议在合闸监视回路中串联断路器常闭接点和防跳继电器常闭接点，以避免合闸监视回路与机构防跳回路串联生成寄生回路带来不利影响。

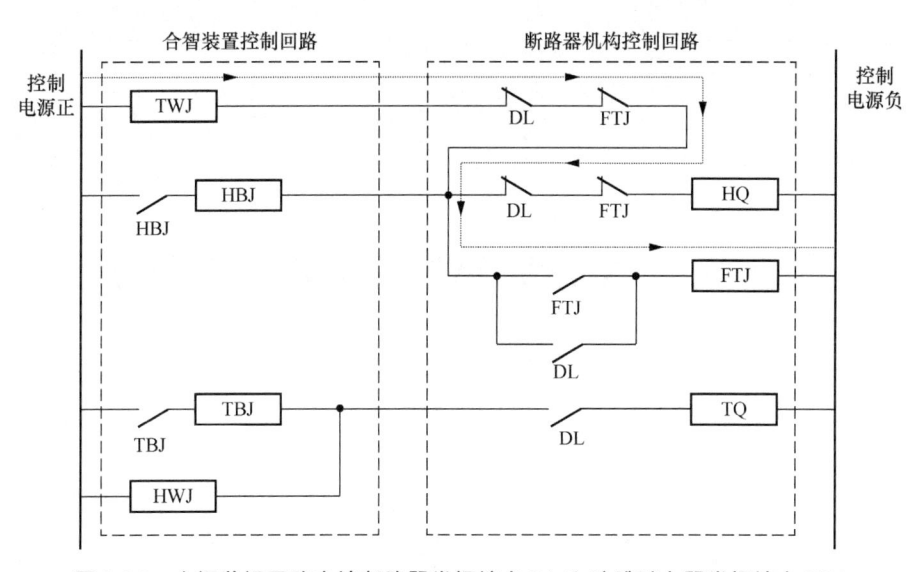

图 2-30 合闸监视回路串接断路器常闭接点 DL 和防跳继电器常闭接点 FTJ

第三章 110kV 智能变电站继电保护典型虚回路

智能变电站中采用光纤构成了智能装置间的物理连接回路，通过虚回路信息流构成了智能装置间的逻辑连接回路，实现了以光纤为物理载体的信息交互，这也是智能变电站区别于传统综合自动化变电站的最显著特点。工程应用中，二次设备集成厂商根据设计好的虚端子表来关联智能装置两侧的虚端子，生成相应的虚回路，最终集成展现在全站 SCD 文件中。

智能变电站虚回路在设计原理及实现方式上与传统二次电缆回路存在较大差异。本章首先介绍智能装置之间光纤物理二次回路的相关知识，进而介绍主变压器电气量保护、备自投、110kV 线路保护、110kV 母分保护、110kV 母线电压并列等典型虚回路信息流及其原理，并对相关需要注意的问题进行探讨。

第一节 光纤二次回路

一、光纤回路特点

光导纤维简称光纤，由玻璃或塑料作为原材料制成，是一种利用光在这些纤维中以全内反射原理传输的光传导工具。智能变电站中，智能设备之间，如合并单元、智能终端、合智装置、保护装置、测控装置、交换机等，均采用光纤进行物理连接。与传统二次电缆相比，采用光纤具有如下优势：

（1）传输容量大：每根光纤可以传输大量的信息，例如一根光纤就可以实现三相电流量的传输，而每根电缆只能传输一个电信号，传输三相电流一般需要 4 根电缆。

（2）抗电磁干扰能力强：光纤的基本成分是石英，只传导光不导电，在其中传输的光信号不受外界电磁场的干扰，不会受到感应电压、感应电流的影响。

（3）不存在绝缘性能问题：相比二次电缆，光纤不存在绝缘性能不足的问题，也就不存在直流接地、电压回路短路和电流回路开路的问题。

（4）体积小、重量轻：光纤的尺寸小、重量轻，更适合变电站保护屏柜空间有限的地方。

当然，光纤相比二次电缆也存在一定局限性，比如与铜质电缆相比，光纤相对脆弱，也更容易受到外界污染，需要采取一定的措施予以保护。

二、光纤回路监视

在传统综合自动化变电站中，监视一个二次电缆回路往往需要在该回路串入一个继电器，再将该继电器的接点串入监视回路中以实现告警。这种方式不仅复杂，还存在监视不全面的隐患，如常规保护装置的保护跳闸出口硬压板误退出后，目前是无法报出相关告警信号的。智能变电站采用光纤作为智能设备之间的物理连接回路后，可以实现所有光纤回路的实时监视与自动告警。

1. 光纤回路功率要求

光纤回路中依靠光进行信息传输，当光功率太弱时，接收侧将无法正常接收信号，而当接收光功率过强时，会存在误码现象，接收侧也无法正常接收信号。因此，相关规范要求光纤端口的光功率需保持在一定范围内，防止发送功率与接收灵敏度不匹配，造成通信异常：

（1）光波长 1310nm 光纤：光纤发送功率：-20～-14dBm；光接收灵敏度：-31～-14dBm。

（2）光波长 850nm 光纤：光纤发送功率：-19～-10dBm；光接收灵敏度：-24～-10dBm。

（3）1310nm 和 850nm 光纤回路的衰耗不应大于 3dB。

2. 光纤断链告警机制

在智能变电站中，光纤链路中断告警均由信息接收方装置发出。当信息接收方在一定时间内没有收到订阅的控制块时，判断光纤链路已经中断，发出断链告警信息。在实际工程中，往往因为光纤弯折、光纤接口损坏等原因造成链路损伤，导致光功率降低后发出链路中断告警。

当间隔层设备（如继电保护装置）的接收光纤断链时，保护装置直接将断链告警信号通过站控层 MMS 网络上送后台监控系统。过程层设备（如智能终端）的接收光纤断链时，首先将断链信号通过过程层网络发送给对应的本间隔测控装置，再由测控装置通过站控层 MMS 网络上送后台监控系统。

3. 光纤通信链路图

在智能变电站监控后台机上有两幅光纤链路图，分别为 GOOSE 通信链路图和 SV 通信链路图，用来显示智能装置之间的 GOOSE 和 SV 链路通信状态，当收到站控层网络上送的光纤断链告警后，显示在相应的链路图上。

图 3-1 为变电站监控后台机 SV 通信链路图，图 3-2 为 GOOSE 通信链路图，限于篇幅都只给出了部分与保护相关回路的通信状态示意。图 3-1 和图 3-2 中，左侧第一列表示发送方装置，第一行表示接收方装置，如果某两个装置存在信息收发关系，就在这两个装置连线的交叉位置设置一个告警圆点，正常运行时该圆点显示为绿色，表示这两个装置之间的光纤链路通信正常。在设备运行中如果某光纤链路的光功率较低或者光纤受损，该链路所代表的圆点将点亮成红色，表示该光纤链路通信中断，提示检修人员对该链路进行排查分析。

发送端 \ 接收端	进线1第一套合智装置	110kV母分保测装置	110kV备自投	进线2第一套合智装置	10kV母分备自投	1号主变压器第一套保护	1号主变压器第二套保护	2号主变压器第一套保护	2号主变压器第二套保护
110kV第一套母线合并单元	●			●		●		●	
进线1第一套合智装置		●			●	●			
进线1第二套合智装置							●		
110kV母分第一套合智装置	●			●		●		●	
110kV母分第二套合智装置							●		●
110kV第二套母线合并单元							●		●
进线2第一套合智装置				●				●	
进线2第二套合智装置									
1号主变压器本体第一套合并单元						●			
1号主变压器本体第二套合并单元							●		
1号主变压器10kV第一套合智装置					●	●			
1号主变压器10kV第二套合智装置							●		
2号主变压器本体第一套合并单元								●	
2号主变压器本体第二套合并单元									●
2号主变压器10kVⅡ甲第一套合智装置					●			●	
2号主变压器10kVⅡ甲第二套合智装置									●
2号主变压器10kVⅡ乙第一套合智装置								●	
2号主变压器10kVⅡ乙第二套合智装置									●

图 3-1 监控后台机 SV 通信链路图（部分）

第三章　110kV 智能变电站继电保护典型虚回路

接收端＼发送端	进线1 第一套 合智装置	进线1 第二套 合智装置	110kV母分 第一套 合智装置	110kV母分 第二套 合智装置	110kV 备自投	进线2 第一套 合智装置	进线2 第二套 合智装置	1号主变压器 10kV 第一套合智 装置	1号主变压器 10kV甲 第一套合智 装置	2号主变压器 10kVⅡ甲 第一套合智 装置	2号主变压器 10kVⅡ乙 第二套合智 装置	10kV 母分 保测装置	10kV 母分 备自投
进线1 第一套合智装置					●								
110kV母分 第一套合智装置					●								
110kV母分 保测装置	●		●		●								
110kV备自投	●												
进线2 第一套合智装置					●								
1号主变压器10kV 第一套合智装置													●
1号主变压器 第一套保护	●		●			●						●	
1号主变压器 第二套保护		●		●			●					●	
2号主变压器10kVⅡ 甲第一套合智装置													●
2号主变压器 第一套保护	●		●			●				●		●	
2号主变压器 第二套保护				●			●				●	●	
10kV母分 保测装置								●		●			
10kV母分备自投								●		●		●	

图 3-2　监控后台机 GOOSE 通信链路图（部分）

三、光纤二次回路连接

将智能装置背板插件上的输入输出光口（TX 为发送口、RX 为接收口）通过光纤跳线接入本间隔的光纤配线架，不同间隔之间的光纤配线架通过光缆连接，最终构成了智能装置之间的物理光纤回路。图 3-3 为某 110kV 智能变电站 1 号主变压器第一套保护与各相关智能装置间的光纤连接示意图。

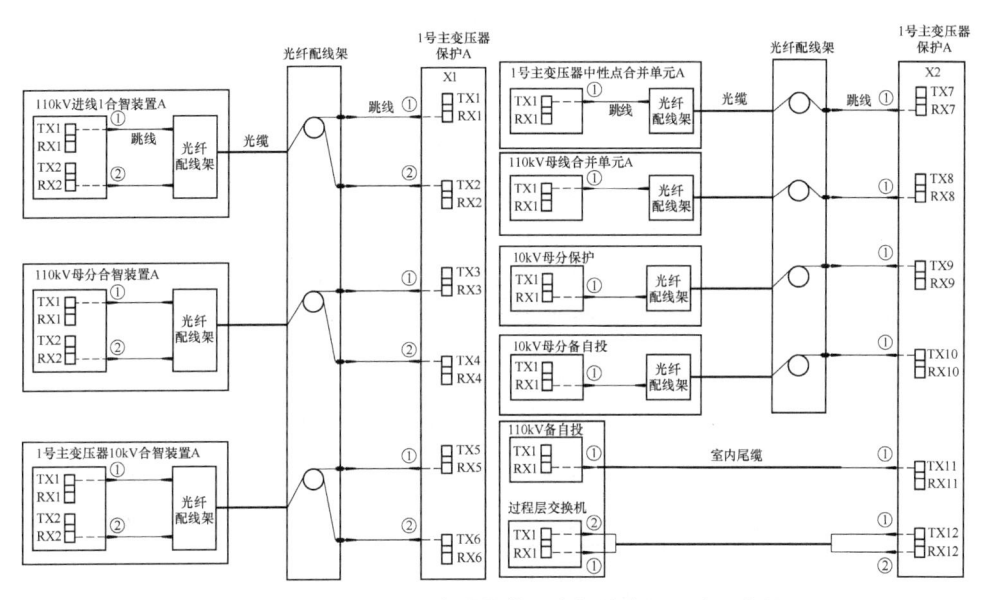

图 3-3　110kV 1 号主变压器第一套保护光纤回路示意图

1 号主变压器第一套保护装置的端口 1 和 2 首先接入本屏内的光纤配线架，再通过预制光缆与 110kV 开关室的进线 1 汇控柜内的光纤配线架相连，最终与 110kV 进线 1 第一套合智装置连接，其中主变压器保护装置的端口 1 作为 SV 口实现采样值输入，端口 2 作为 GOOSE 口实现跳闸命令的输出。端口 3 和 4 与 110kV 母分第一套合智装置相连，端口 5 和 6 与 1 号主变压器 10kV 第一套合智装置相连。端口 7 与 1 号主变压器中性点第一套合并单元相连，端口 8 与 110kV 第一套母线合并单元相连。端口 9 与 10kV 母分保测装置相连，端口 10 与 10kV 母分备自投相连。端口 11 与 110kV 备自投相连，端口 12 作为组网口，接入过程层交换机实现主变压器保护的过程层组网，由于过程层交换机及备自投装置与主变压器保护装置均在二次设备室（主控室），因此相互之间可采用室内尾缆直连，不通过光纤配线架。

第二节　110kV 主变压器电气量保护虚回路

110kV 智能变电站每台主变压器配置两套电气量保护，每套保护包含完整的主保护和后备保护功能。主变压器电气量保护采用全光纤直采直跳的实现模式，即经点对点直连光纤从各合智装置（或合并单元）完成保护采样数据输入；经点对点直连光纤至各侧合智装置和其他相关智能设备，实现断路器跳闸和闭锁备自投的功能。

一、SV 采样虚回路

主变压器保护经点对点直连光纤与相关智能设备相连，完成保护采样数据双 A/D 输入，以 1 号主变压器第一套保护为例：从 110kV 第一套母线合并单元接收 110kV Ⅰ段母线电压；从 110kV 进线 1 第一套合智装置接收进线 1 电流，从 110kV 母分第一套合智装置接收 110kV 母分电流（也称为高压桥电流），从 1 号主变压器 10kV 第一套合智装置同时接收主变压器低压侧电流和 10kV Ⅰ段母线电压；从 1 号主变压器第一套本体合并单元接收变压器高压侧中性点的零序电流和间隙电流。1 号主变压器第一套保护的 SV 采样虚回路信息流见表 3-1。

表 3-1　1 号主变压器第一套保护与相关第一套合智装置（合并单元）SV 信息流

主变压器保护虚端子	软压板	信息流向	对侧装置	合智装置虚端子
高压侧电压 MU 额定延时	高压侧电压 SV 接收软压板	<<<<	110kV 第一套母线合并单元	额定延迟时间
高压侧 A 相电压 U_{ha1}		<<<<		母线 1A 相保护电压 1
高压侧 A 相电压 U_{ha2}		<<<<		母线 1A 相保护电压 2
高压侧 B 相电压 U_{hb1}		<<<<		母线 1B 相保护电压 1

续表

主变压器保护虚端子	软压板	信息流向	对侧装置	合智装置虚端子
高压侧 B 相电压 U_{hb2}	高压侧电压 SV 接收软压板	<<<<	110kV 第一套母线合并单元	母线1B 相保护电压 2
高压侧 C 相电压 U_{hc1}		<<<<		母线1C 相保护电压 1
高压侧 C 相电压 U_{hc2}		<<<<		母线1C 相保护电压 2
高压侧零序电压 U_{h01}		<<<<		母线 1 零序电压 1
高压侧零序电压 U_{h02}		<<<<		母线 1 零序电压 2
高压侧电流 MU 额定延时	高压侧电流 SV 接收软压板	<<<<	110kV 进线 1 第一套合智装置	额定延迟时间
高压侧 A 相电流 I_{h1a1}（正）		<<<<		保护电流 A 相 1
高压侧 A 相电流 I_{h1a2}（正）		<<<<		保护电流 A 相 2
高压侧 B 相电流 I_{h1b1}（正）		<<<<		保护电流 B 相 1
高压侧 B 相电流 I_{h1b2}（正）		<<<<		保护电流 B 相 2
高压侧 C 相电流 I_{h1c1}（正）		<<<<		保护电流 C 相 1
高压侧 C 相电流 I_{h1c2}（正）		<<<<		保护电流 C 相 2
高压桥电流 MU 额定延时	高压桥电流 SV 接收软压板	<<<<	110kV 母分第一套合智装置	额定延迟时间
高压桥 A 相电流 I_{h2a1}（反）		<<<<		保护电流 A 相 1
高压桥 A 相电流 I_{h2a2}（反）		<<<<		保护电流 A 相 2
高压桥 B 相电流 I_{h2b1}（反）		<<<<		保护电流 B 相 1
高压桥 B 相电流 I_{h2b2}（反）		<<<<		保护电流 B 相 2
高压桥 C 相电流 I_{h2c1}（反）		<<<<		保护电流 C 相 1
高压桥 C 相电流 I_{h2c2}（反）		<<<<		保护电流 C 相 2
低压 1 分支 MU 额定延时	低压 1 分支 SV 接收软压板	<<<<	1 号主变压器 10kV 第一套合智装置	额定延迟时间
低压 1 分支 A 相电压 U_{l1a1}		<<<<		保护电压 A 相 1
低压 1 分支 A 相电压 U_{l1a2}		<<<<		保护电压 A 相 2
低压 1 分支 B 相电压 U_{l1b1}		<<<<		保护电压 B 相 1
低压 1 分支 B 相电压 U_{l1b2}		<<<<		保护电压 B 相 2
低压 1 分支 C 相电压 U_{l1c1}		<<<<		保护电压 C 相 1
低压 1 分支 C 相电压 U_{l1c2}		<<<<		保护电压 C 相 2
低压 1 分支 A 相电流 I_{l1a1}		<<<<		保护电流 A 相 1
低压 1 分支 A 相电流 I_{l1a2}		<<<<		保护电流 A 相 2
低压 1 分支 B 相电流 I_{l1b1}		<<<<		保护电流 B 相 1
低压 1 分支 B 相电流 I_{l1b2}		<<<<		保护电流 B 相 2
低压 1 分支 C 相电流 I_{l1c1}		<<<<		保护电流 C 相 1
低压 1 分支 C 相电流 I_{l1c2}		<<<<		保护电流 C 相 2

续表

主变压器保护虚端子	软压板	信息流向	对侧装置	合智装置虚端子
中性点电流 MU 额定延时	高压侧中性点 SV 接收软压板	<<<<	1 号主变压器第一套本体合并单元	额定延迟时间
高压侧零序电流 I_{h01}		<<<<		中性点零序电流 1
高压侧零序电流 I_{h02}		<<<<		中性点零序电流 2
高压侧间隙电流 I_{hj1}		<<<<		中性点间隙电流 1
高压侧间隙电流 I_{hj2}		<<<<		中性点间隙电流 2

根据第二章第一节的介绍，由合智装置输出的进线 TA 保护电流正方向为从线路流向母线，对于内桥接线的变压器，该电流方向就是流向主变压器，这正符合主变压器保护对各侧电流正方向的规定，因此就不需要对进线电流极性进行调整，直接将合智装置输出的电流接入主变压器保护正极性输入虚端子，即可满足要求。对于 110kV 母分电流回路，其极性问题将在本节第四部分详细讨论。

二、GOOSE 开出虚回路

1. 跳主变压器各侧断路器虚回路

主变压器保护通过点对点直连光纤连至主变压器各侧断路器的合智装置，通过 GOOSE 命令完成对各侧断路器的直接跳闸。根据第一章第三节介绍的智能设备信息交互模式，两套主变压器保护与两套合智装置一一对应，其中第一套主变压器保护的虚回路信息流见表 3-2。

表 3-2　　1 号主变压器第一套保护与各侧断路器第一套合智装置 GOOSE 信息流

主变压器保护虚端子	GOOSE 发送软压板	信息流向	对侧装置	合智装置虚端子
跳高压侧断路器	跳高压侧断路器软压板	>>>>	110kV 进线 1 第一套合智装置	保护永跳 1
跳高压桥断路器	跳高压桥断路器软压板	>>>>	110kV 母分第一套合智装置	保护永跳 1
跳低压 1 分支断路器	跳低压 1 分支断路器软压板	>>>>	1 号主变压器 10kV 第一套合智装置	保护永跳 1

注：对 1 号主变压器而言，低压仅 1 个分支；对 2 号主变压器而言，低压 1 分支指 10kVⅡ甲断路器，低压 2 分支指 10kVⅡ乙断路器。

当 110kV 进线配有线路保护时，为防止主变压器保护动作跳开 110kV 进线断路器后，线路保护重合闸误动作将断路器合上，应选取进线合智装置的"保护永跳"虚端子作为开入，在主变压器保护将断路器跳开的同时，合智装置能够生成"闭锁重合闸"信号，发送给线路保护装置，对重合闸进行放电。没有配置线路保护的进线断路器、110kV 母分断路器以及主变压器 10kV 断路器,虽没有重合闸误合断路器的风险,但在连接虚回路时仍建议选取合智装置的"保护永跳"虚端子。

2. 跳 10kV 母分断路器虚回路

主变压器低后备保护动作后第一时限跳 10kV 母分断路器,具体实现方式是主变压器保护将 GOOSE 跳闸命令经点对点直连光纤发送至 10kV 母分保护测控一体装置,进一步由 10kV 母分保测装置内部的操作插件完成断路器的跳闸,虚回路信息流见表 3-3。

表 3-3　　1 号主变压器第一套保护与 10kV 母分保测装置 GOOSE 信息流

主变压器保护虚端子	GOOSE 发送软压板	信息流向	对侧装置	10kV 母分保护虚端子
跳低压 1 分支分段	跳低压 1 分支分段软压板	>>>>	10kV 母分保测装置	跳闸开入 1

注:低压 1 分支分段指Ⅰ母、Ⅱ甲段之间的母分;如果完成了第三段母线的扩建,低压 2 分支分段指Ⅱ乙、Ⅲ母之间的母分。

主变压器保护跳 10kV 母分断路器虚回路的特别之处在于,接收跳闸命令的本身也是保护装置,而不是合智装置。如因检修或其他原因,需要将 10kV 母分保护装置改为信号或停用状态时,将会同时影响主变压器保护跳 10kV 母分断路器功能。

3. 闭锁备自投虚回路

主变压器差动保护、高后备保护和低后备保护Ⅰ段第三时限动作需闭锁 110kV 备自投,低后备保护Ⅰ段和Ⅱ段的第二时限动作均需闭锁 10kV 母分备自投,回路实现方式是将主变压器保护 GOOSE 闭锁量经点对点直连光纤发送至相应的备自投装置,虚回路信息流见表 3-4。

表 3-4　　1 号主变压器第一套保护的闭锁备自投 GOOSE 信息流

主变压器保护虚端子	GOOSE 发送软压板	信息流向	对侧装置	备自投虚端子
闭锁高压侧备自投	闭锁高压侧备自投软压板	>>>>	110kV 备自投装置	1 号主变压器保护动作 1
闭锁低压 1 分支备自投	闭锁低压 1 分支备自投软压板	>>>>	10kV 母分备自投装置	备自投总闭锁 1

三、虚回路信息流图

图 3-4 为 1 号主变压器第一套保护与各相关智能装置之间信息交互的虚回路信息流示意图,其中"────▶"表示 SV 虚回路,"--------▶"表示 GOOSE 虚回路,其他虚回路信息流图中的表示方法均与此相同。

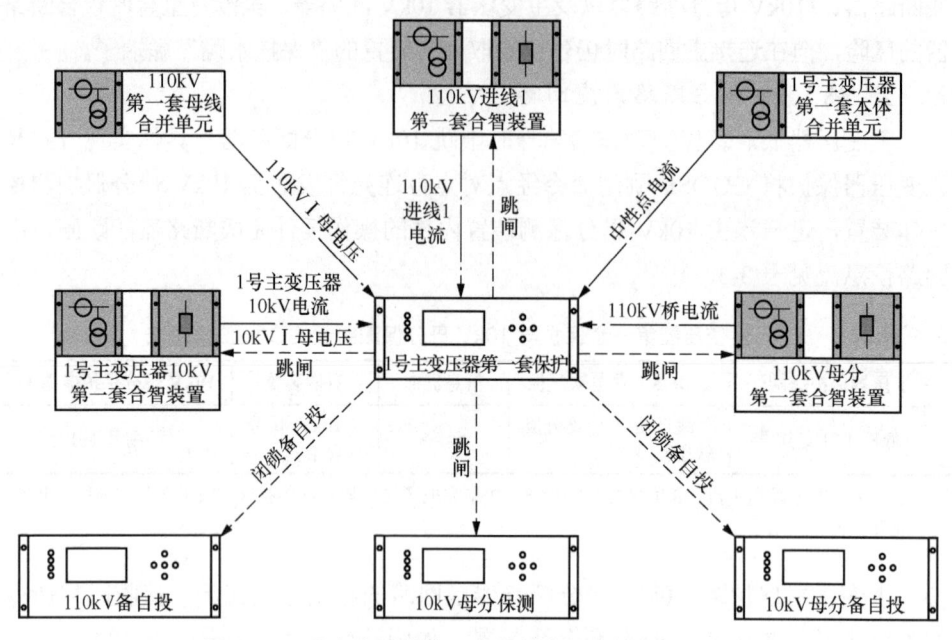

图 3-4　1号主变压器第一套保护虚回路信息流示意图

四、主变压器电气量保护虚回路相关问题

1. 110kV 母线电压接入方式

内桥接线变电站的主变压器保护，其 110kV 母线电压应直接从 110kV 母线合并单元接入，而不应从 110kV 进线的合智装置级联。

图 3-5 所示的运行方式中，110kV 进线 2 断路器停用检修，进线 1 断路器、母分断路器和两台主变压器均处于运行状态。此时由于进线 2 断路器处于检修状态，本间隔的两套进线合智装置都会投入检修压板，如果 2 号主变压器保护从进线合智装置获取母线电压，由于主变压器保护装置与该合智装置的检修状态不一样，不但不能正确采集 110kV 母线电压，还会导致 2 号主变压器保护因检修状态不一致而闭锁（可参阅第四章第二节检修机制相关内容）。此时 110kV 母线合并单元仍处正常运行状态，因此如果从 110kV 母线合并单元直接获取母线电压，主变压器保护就不会受到运行方式的影响。

2. 110kV 母分电流的极性

110kV 内桥接线变电站的 1 号主变压器保护和 2 号主变压器保护均要取 110kV 母分电流，如果该母分电流对某一台主变压器是流入的，那么对另一台主变压器而言必定是流出的，即同一个一次电流对两台主变压器而言是反相的。

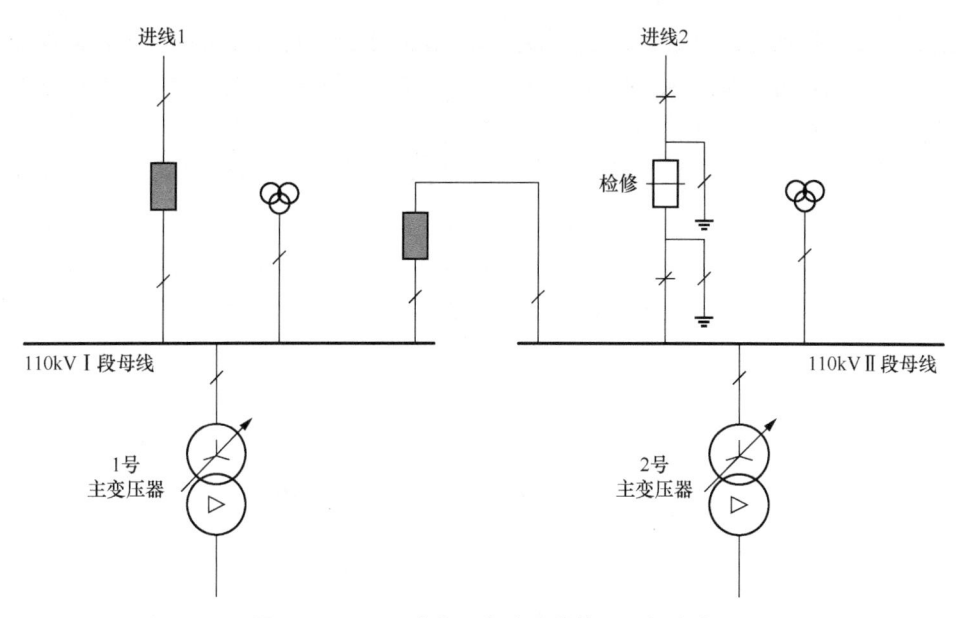

图 3-5　110kV 进线 2 断路器检修的运行方式

在传统综合自动化变电站中，由于两台主变压器保护装置的母分电流分别取自母分电流互感器不同的二次绕组，因此可对各自二次绕组选择正确的引出极性来满足两台主变压器保护对母分电流的极性要求。在智能变电站中，两台主变压器同一套保护订阅同一套母分合智装置的输出电流，如 1 号主变压器的第一套保护和 2 号主变压器的第一套保护均要接入母分第一套合智装置的电流，而此合智装置输出的电流极性是唯一的，当满足一台主变压器保护的极性要求时，必然无法同时满足另一台主变压器保护的要求。

在早期的智能变电站工程应用过程中，出现过两种方案解决上述问题：①由合智装置同时输出正、反极性的电流，保护装置按需要选择相应极性的电流接入，但这种方案会导致合智装置的数据量显著增大，电流数据占用通道量成倍增加，对合智装置数据处理能力的要求较高，而 GB/T 32890—2016《继电保护 IEC61850 工程应用模型》也规定合并单元模型文件不应计算生成反极性输出信号；②合智装置只输出正极性的电流量，在保护装置内设置相关菜单和参数来调整母分电流的极性，此做法会增加保护管理的复杂性，在进行更换保护装置 CPU 插件等工作后，容易因遗漏设置等原因造成母分电流极性错误，不利于运行管理和维护。在目前的工程应用中，较为普遍的解决方法是合智装置仍按规定只输出正极性的电流量，但在主变压器保护模型中同时设置正、反极性的电流输入虚端子，如"高压桥 A 相电流 I_{h2a1}（正）""高压桥 A 相电流 I_{h2a1}（反）"。在 SCD 文件组态关联虚回路时，根据电流互感器的实际布置和二次绕组接入合智装置的情况，来选择正极性或反极性电流输入虚端子进行连接，当连接反极性虚端子时，主变压器保护内部会将接收到的电流进行一次反相调整。

根据第二章第一节的介绍，当母分 TA 电流的正方向选为从 I 段母线流向 II 段母线时，对于 1 号主变压器保护而言，母分电流为流出主变压器，这与主变压器保护对各侧电流要求的正方向相反，对于 2 号主变压器保护而言，该母分电流是流入主变压器的，与主变压器保护要求的正方向一致，因此表 3-1 中母分电流接入 1 号主变压器保护时选择了反极性输入虚端子，而接入 2 号主变压器保护时就需选择正极性输入虚端子。

第三节　110kV 备自投虚回路

110kV 备自投单套配置，经直连光纤从 110kV 进线第一套合智装置引入母线电压和进线电流；分别经直连光纤从 110kV 三个断路器的第一套合智装置接收断路器位置等相关信号，并实现跳合闸功能；经直连光纤从各主变压器电气量保护引入闭锁信号。

一、SV 采样虚回路

110kV 备自投经点对点直连光纤连至 110kV 进线 1 第一套合智装置，接收 110kV I 段母线电压和进线 1 电流；经点对点直连光纤连至 110kV 进线 2 第一套合智装置，接收 110kV II 段母线电压和进线 2 电流。在备自投装置中，一般将进线 1 作为"电源 1"，将进线 2 作为"电源 2"，具体 SV 采样虚回路信息流见表 3-5。

表 3-5　110kV 备自投与 110kV 进线第一套合智装置 SV 信息流

备自投虚端子	软压板	信息流向	对侧装置	合智装置虚端子
电源 1 MU 额定延时		<<<<		额定延迟时间
I 母 A 相电压 U_{a11}		<<<<		级联母线 1A 相保护电压 1
I 母 A 相电压 U_{a12}（可选）				级联母线 1A 相保护电压 2
I 母 B 相电压 U_{b11}	电源 1 SV 接收软压板	<<<<	110kV 进线 1 第一套合智装置	级联母线 1B 相保护电压 1
I 母 B 相电压 U_{b12}（可选）				级联母线 1B 相保护电压 2
I 母 C 相电压 U_{c11}		<<<<		级联母线 1C 相保护电压 1
I 母 C 相电压 U_{c12}（可选）				级联母线 1C 相保护电压 2
电源 1 电流 I_{L11}		<<<<		保护电流 A 相 1
电源 1 电流 I_{L12}（可选）				保护电流 A 相 2

续表

备自投虚端子	软压板	信息流向	对侧装置	合智装置虚端子
电源 2 MU 额定延时	电源 2 SV 接收软压板	<<<<	110kV 进线 2 第一套合智装置	额定延迟时间
Ⅱ母 A 相电压 U_{a21}		<<<<		级联母线 1A 相保护电压 1
Ⅱ母 A 相电压 U_{a22}（可选）				级联母线 1A 相保护电压 2
Ⅱ母 B 相电压 U_{b21}		<<<<		级联母线 1B 相保护电压 1
Ⅱ母 B 相电压 U_{b22}（可选）				级联母线 1B 相保护电压 2
Ⅱ母 C 相电压 U_{c21}		<<<<		级联母线 1C 相保护电压 1
Ⅱ母 C 相电压 U_{c22}（可选）				级联母线 1C 相保护电压 2
电源 2 电流 I_{L21}		<<<<		保护电流 A 相 1
电源 2 电流 I_{L22}（可选）				保护电流 A 相 2

根据"九统一"设计规范，备自投模拟量输入双 A/D 采样的复采样回路（如表 3-5 中Ⅰ母 A 相电压 U_{a12}、电源 1 电流 I_{L12}）为可选项，部分厂家设备也不需要双 A/D 数据同时接入，因此目前在工程应用中一般对上述采样虚回路只连接单 A/D 采样值。进线电流作为线路是否有流的判据，可防止母线 TV 断线时备自投误动，一般只需接入一相（A 相）保护电流即可。

进线 1 和进线 2 第一套合智装置的母线电压均从 110kV 第一套母线合并单元级联获得，虚回路信息流见表 3-6。

表 3-6　　110kV 进线合智装置级联母线电压 SV 信息流

进线合智装置虚端子	本侧装置	信息流向	对侧装置	母线合并单元虚端子
额定延迟时间	110kV 进线 1 第一套合智装置	<<<<	110kV 第一套母线合并单元	额定延迟时间
级联母线 1A 相保护电压 1		<<<<		母线 1A 相保护电压 1
级联母线 1A 相保护电压 2		<<<<		母线 1A 相保护电压 2
级联母线 1B 相保护电压 1		<<<<		母线 1B 相保护电压 1
级联母线 1B 相保护电压 2		<<<<		母线 1B 相保护电压 2
级联母线 1C 相保护电压 1		<<<<		母线 1C 相保护电压 1
级联母线 1C 相保护电压 2		<<<<		母线 1C 相保护电压 2
额定延迟时间	110kV 进线 2 第一套合智装置	<<<<		额定延迟时间
级联母线 1A 相保护电压 1		<<<<		母线 2A 相保护电压 1
级联母线 1A 相保护电压 2		<<<<		母线 2A 相保护电压 2
级联母线 1B 相保护电压 1		<<<<		母线 2B 相保护电压 1
级联母线 1B 相保护电压 2		<<<<		母线 2B 相保护电压 2
级联母线 1C 相保护电压 1		<<<<		母线 2C 相保护电压 1
级联母线 1C 相保护电压 2		<<<<		母线 2C 相保护电压 2

注：除了保护电压之外还同时级联有计量电压和零序电压，此处只给出了保护电压的信息流。

需要指出的是，目前本地区的备自投装置工程应用现状中，有部分110kV备自投虚回路采集了110kV母分电流，这是由于部分厂家备自投装置的"母分偷跳"逻辑需要该电流作为判断母分断路器"偷跳"的辅助判据。

此外，如果110kV进线配有线路电压互感器，且投入"检备用进线有压"功能时，可在虚回路中增加进线单相电压的SV采样虚回路。

二、GOOSE开入虚回路

1. 断路器位置和手跳断路器信号（STJ）接入回路

110kV备自投通过点对点直连光纤与110kV进线1、进线2及母分断路器的第一套合智装置相连，接收各断路器的位置和手跳信号（STJ），具体虚回路信息流见表3-7。

表3-7　110kV备自投与各110kV断路器第一套合智装置GOOSE信息流

备自投虚端子	信息流向	对侧装置	合智装置虚端子
电源1跳位（双点）	<<<<	110kV进线1第一套合智装置	断路器位置
备自投总闭锁1	<<<<		STJ信号
电源2跳位（双点）	<<<<	110kV进线2第一套合智装置	断路器位置
备自投总闭锁2	<<<<		STJ信号
分段跳位（双点）	<<<<	110kV母分第一套合智装置	断路器位置
备自投总闭锁3	<<<<		STJ信号

2. 主变压器电气量保护闭锁量接入回路

110kV备自投经点对点直连光纤接收1号主变压器第一（二）套保护，2号主变压器第一（二）套保护的闭锁量，完成各主变压器差动保护、高后备保护和低后备保护动作闭锁备自投的功能。

根据"九统一"设计规范，备自投装置设有"1号主变压器保护动作""2号主变压器保护动作"开入虚端子，分别作为1号主变压器保护和2号主变压器保护的闭锁量开入，当主变压器保护动作后，备自投装置根据系统运行方式来选择执行具体的动作策略，具体虚回路信息流见表3-8。

表3-8　110kV备自投闭锁量GOOSE开入虚回路信息流

备自投虚端子	信息流向	GOOSE发送软压板	对侧装置	主变压器保护虚端子
1号主变压器保护动作1	<<<<	闭锁高压侧备自投软压板	1号主变压器第一套保护	闭锁高压侧备自投
1号主变压器保护动作2	<<<<	闭锁高压侧备自投软压板	1号主变压器第二套保护	闭锁高压侧备自投

续表

备自投虚端子	信息流向	GOOSE 发送软压板	对侧装置	主变压器保护虚端子
2 号主变压器保护动作 1	<<<<	闭锁高压侧备自投软压板	2 号主变压器第一套保护	闭锁高压侧备自投
2 号主变压器保护动作 2	<<<<	闭锁高压侧备自投软压板	2 号主变压器第二套保护	闭锁高压侧备自投

三、GOOSE 开出虚回路

110kV 备自投通过点对点直连光纤与 110kV 进线 1、进线 2 及母分断路器的第一套合智装置相连，完成对各断路器的跳闸、合闸功能，具体虚回路信息流见表 3-9。

表 3-9　　110kV 备自投与各 110kV 断路器第一套合智装置 GOOSE 信息流

备自投虚端子	GOOSE 发送软压板	信息流向	对侧装置	合智装置虚端子
跳电源 1 断路器	跳电源 1 断路器软压板	>>>>	110kV 进线 1 第一套合智装置	保护永跳 2
合电源 1 断路器	合电源 1 断路器软压板	>>>>		保护重合闸 1
跳电源 2 断路器	跳电源 2 断路器软压板	>>>>	110kV 进线 2 第一套合智装置	保护永跳 2
合电源 2 断路器	合电源 2 断路器软压板	>>>>		保护重合闸 1
跳分段断路器	跳分段断路器软压板	>>>>	110kV 母分第一套合智装置	保护永跳 3
合分段断路器	合分段断路器软压板	>>>>		保护重合闸 1

按"九统一"标准规范设计的备自投具有跳 110kV 母分断路器的功能，因此需连接备自投跳母分断路器的虚回路；非"九统一"设计的备自投装置不具备跳母分断路器的功能，也就没有相应的回路。

为防止备自投动作跳开 110kV 进线断路器后，线路保护重合闸动作将断路器误合上，同样应选取合智装置的"保护永跳"作为备自投跳闸的开入虚端子，来实现闭锁重合闸。如果主变压器第一套保护跳断路器的虚回路已经使用了第一套合智装置的"保护永跳 1"虚端子，可将备自投跳闸虚回路连接至该合智装置的"保护永跳 2""保护永跳 3"等虚端子，其实现功能完全一样。如对于 110kV 母分第一套合智装置，1 号主变压器第一套保护接入了"保护永跳 1"虚端子，2 号主变压器第一套保护接入了"保护永跳 2"虚端子，因此将 110kV 备自投的跳闸回路接入"保护永跳 3"虚端子。

在传统综合自动化变电站的备自投回路中，备自投的合闸接点一般都接入断路器控制回路的"手合"接点，使得备自投动作合闸后断路器的 KKJ 能够同步置为 1，这样备自投在动作完成后可以自动充电，为下一次动作做好准备。在智能变电站中，合智装置有"测控合闸"和"保护重合闸"两类虚端子可供合闸虚回路连接，其区别在于经合智装置完成光电转换后经过的合闸出口硬压板不同。"测控合闸"回路经过的硬压板是"遥控合闸"硬压板，"保护重合闸"回路经过的硬压板是"保护合闸"硬压板。如果接入"测控合闸"虚端子，当自动化专业有相关工作需要退出遥控出口硬压板时，将同时影响备自投功能。因此，目前在智能变电站中建议在合智装置侧选取"保护重合闸"虚端子作为备自投的合闸开入。

四、虚回路信息流图

图3-6为110kV备自投与各相关智能装置之间信息交互的虚回路信息流示意图。

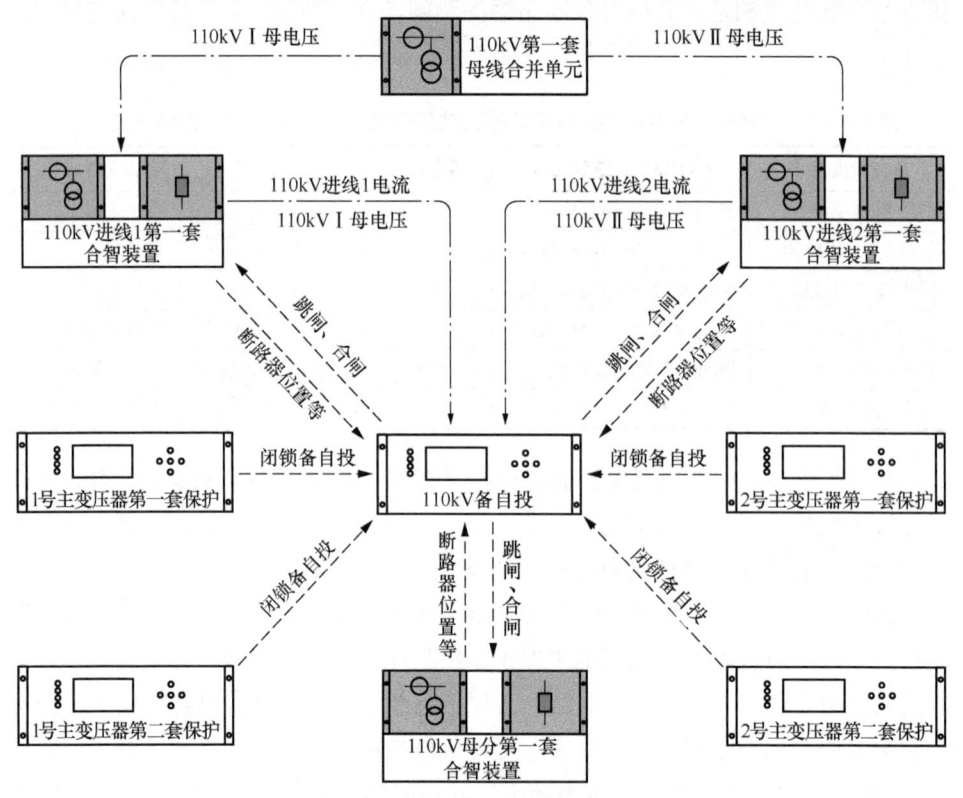

图 3-6 110kV 备自投虚回路信息流示意图

五、110kV 备自投虚回路相关问题

1. 断路器位置接入方式

在传统综合自动化变电站中，备自投装置往往引入各断路器控制回路中跳闸位置继电器（TWJ）的常开接点作为断路器运行状态的判据：TWJ=1 时，表示断

路器处于分位；TWJ=0 时，表示断路器处于合位。当断路器合闸监视回路的电缆接触不良或断路器控制电源失电时，都有可能造成 TWJ 的状态与断路器实际位置不对应，影响备自投的正常运行。

在智能变电站中，断路器及闸刀的位置采用"双点"方式，即将断路器辅助位置的常闭接点接入合智装置的"分位"遥信开入位置，将常开接点接入"合位"遥信开入位置，如图 3-7 所示。

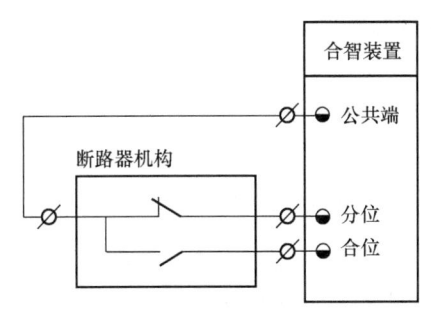

图 3-7 断路器双点位置接入合智装置

合智装置根据这两个接点的开入状态来判断并发布断路器的 GOOSE 位置信息，其逻辑见表 3-10。

表 3-10 断路器双点位置判断逻辑

合位	分位	断路器位置
0	1	分位
1	0	合位
0	0	保持原状态
1	1	保持原状态

采用同时接入断路器位置常开和常闭接点的"双点"接入方式，能够直接反应断路器的实际位置，可靠性更高。在智能化设备建模时，应对断路器及闸刀的位置进行双点信息建模，如表 3-7 中的"电源 1 跳位（双点）"即表示备自投的断路器开入位置是双点建模的虚端子类型。

2. 110kV 母线电压接入模式

110kV 备自投需要接入的两段母线电压，从原理上来说，既可以从 110kV 第一套母线合并单元直接获取，也可以从两路 110kV 进线的第一套合智装置分别级联获得，在早期工程中这两种方式也都存在。

按照"九统一"标准化规范设计的备自投装置，设置有"电源 1SV 接收软压板""电源 2SV 接收软压板"，与两路 110kV 进线的合智装置一一对应，而没有单独设置"母线电压 SV 接收软压板"。因此，110kV 备自投的母线电压推荐从 110kV 进线第一套合智装置级联获得更为合适，目前工程应用中也推荐这种方式。

3. 手分闭锁备自投方式

手分或遥分断路器时，备自投装置应立即放电。目前在工程应用中有两种回路方式来实现此功能，采用的分别是手跳继电器（STJ）和合后位置继电器（KKJ）。

本节介绍的虚回路信息流（表 3-7）中采用的是将 STJ 接入备自投的"备自投总闭锁"虚端子，当手分或遥分断路器时，STJ 变为 1，备自投装置立即放电。当采用 KKJ 方式时，是将断路器的 KKJ 接入备自投装置对应的断路器合后位置，当手合或遥合断路器时，KKJ 置 1 并保持，备自投满足条件后充电；手分或遥分断路器时，KKJ 变为 0，备自投立即放电。采用 KKJ 方式实现手分闭锁功能时的虚回路信息流如表 3-11 所示。

接入 STJ 直接闭锁的方式要比接入 KKJ 更易理解，也更直观明了，目前在新建工程中建议采用接入断路器 STJ 信号实现手分断路器闭锁备自投的方式。

表 3-11　采用 KKJ 实现手分闭锁备自投的 GOOSE 信息流

备自投虚端子	信息流向	对侧装置	合智装置虚端子
电源 1 跳位（双点）	<<<<	110kV 进线 1 第一套合智装置	断路器位置
电源 1 合后位置	<<<<		KKJ 合后
电源 2 跳位（双点）	<<<<	110kV 进线 2 第一套合智装置	断路器位置
电源 2 合后位置	<<<<		KKJ 合后
分段跳位（双点）	<<<<	110kV 母分第一套合智装置	断路器位置
分段合后位置	<<<<		KKJ 合后

4. 110kV 备自投闭锁开入虚端子设置方式的比较

在备自投闭锁开入虚端子的设置方式上，目前主要存在三种不同模式：

（1）本节所介绍的闭锁方式，即按"九统一"设计规范，备自投闭锁开入设置"备自投总闭锁""1 号变压器保护动作""2 号变压器保护动作"三类。其中，"备自投总闭锁"可作为手分或遥分断路器时闭锁备自投的接入点；"1 号变压器保护动作""2 号变压器保护动作"则接入对应的主变压器保护动作信号，相应的备自投闭锁逻辑由备自投装置内部程序自动实现。

（2）备自投闭锁开入设置"备自投总闭锁""闭锁方式一""闭锁方式二""闭锁方式三""闭锁方式四"5 类。"备自投总闭锁"可作为手分或遥分断路器时闭锁备自投的接入点；"闭锁方式一""闭锁方式二""闭锁方式三""闭锁方式四"由设计人员根据需要将主变压器保护动作信号接入，当某主变压器保护动作时，

第三章 110kV 智能变电站继电保护典型虚回路

直接闭锁接入该主变压器闭锁信号的一种或多种备自投方式，其闭锁逻辑实质是依靠虚回路来实现的。

（3）最后一种方式，备自投闭锁开入设置"闭锁开入1""闭锁开入2""闭锁开入3"等多个无差别的开入虚端子，外部虚回路可以随意选择虚端子接入，由备自投装置内部通过辅助参数的设置来定义每个闭锁开入虚端子具体的闭锁逻辑。某厂家110kV备自投装置闭锁量GOOSE开入虚回路信息流如表3-12所示。

表3-12 某厂家110kV备自投闭锁量GOOSE开入虚回路信息流

备自投虚端子	信息流向	GOOSE 发送软压板	对侧装置	主变压器保护虚端子
闭锁开入1	<<<<	闭锁高压侧备自投软压板	1号主变压器第一套保护	闭锁高压侧备自投
闭锁开入2	<<<<	闭锁高压侧备自投软压板	1号主变压器第二套保护	闭锁高压侧备自投
闭锁开入3	<<<<	闭锁高压侧备自投软压板	2号主变压器第一套保护	闭锁高压侧备自投
闭锁开入4	<<<<	闭锁高压侧备自投软压板	2号主变压器第二套保护	闭锁高压侧备自投

单纯从上述虚回路信息流中，无法确定备自投在收到各开入量后具体去执行何种闭锁逻辑，需要进一步结合装置内的辅助参数确定，该型号备自投装置内部辅助参数（部分）见表3-13。

表3-13 某型号备自投装置内部辅助参数列表（部分）

闭锁开入	值	闭锁开入	值
闭锁开入1 闭锁自投方式1	0	闭锁开入3 闭锁自投方式1	1
闭锁开入1 闭锁自投方式2	1	闭锁开入3 闭锁自投方式2	0
闭锁开入1 闭锁自投方式3	1	闭锁开入3 闭锁自投方式3	1
闭锁开入1 闭锁自投方式4	1	闭锁开入3 闭锁自投方式4	1
闭锁开入2 闭锁自投方式1	0	闭锁开入4 闭锁自投方式1	1
闭锁开入2 闭锁自投方式2	1	闭锁开入4 闭锁自投方式2	0
闭锁开入2 闭锁自投方式3	1	闭锁开入4 闭锁自投方式3	1
闭锁开入2 闭锁自投方式4	1	闭锁开入4 闭锁自投方式4	1

结合表3-12的虚回路和表3-13的装置内部参数设置情况，才可以最终确定该110kV备自投设置的闭锁策略为：1号主变压器第一套和第二套保护动作闭锁备自投方式二、方式三、方式四；2号主变压器第一套和第二套保护动作闭锁备自投方式一、方式三、方式四。

上述三种备自投开入虚端子设置方式中，第一种满足"九统一"标准化设计规

75

范的要求，目前绝大部分工程中均采用此种方式；第二种方式在部分早期已投运的智能变电站中存在，目前新建变电站已不再采用；第三种方式的优点是可以由现场调试人员按需要灵活设置外部开入具体去闭锁哪一种或几种备自投方式，但同时也带来了一些问题，比如由于各开入虚端子无差别，也就无法从虚回路信息流上清楚明确地了解具体闭锁关系，备自投装置内部设置闭锁方式的辅助参数不在整定单上体现而容易"失控"，装置更换插件后容易因遗漏设置而导致闭锁策略出错。

第四节　110kV 线路保护虚回路

110kV 终端负荷变电站一般不配置 110kV 线路保护，当具有负荷转供功能或者有并网电源点接入时，需配置线路保护。110kV 线路保护单套配置，采用全光纤直采直跳的实现模式，即经点对点直连光纤与 110kV 进线第一套合智装置直接相连，实现电压、电流的 SV 采样和进线断路器的 GOOSE 跳合闸。

一、SV 采样虚回路

以 110kV 进线 1 的线路保护为例：110kV 进线 1 保护经点对点直连光纤连至 110kV 进线 1 第一套合智装置，接收 110kV 进线 1 的电流和 110kV Ⅰ段母线电压，具体 SV 采样虚回路信息流见表 3-14。

表 3-14　　110kV 进线 1 线路保护与 110kV 进线 1 第一套合智装置 SV 信息流

线路保护虚端子	软压板	信息流向	对侧装置	合智装置虚端子
MU 额定延时		<<<<		额定延迟时间
保护 A 相电压 U_{a1}		<<<<		级联母线 1A 相保护电压 1
保护 A 相电压 U_{a2}		<<<<		级联母线 1A 相保护电压 2
保护 B 相电压 U_{b1}		<<<<		级联母线 1B 相保护电压 1
保护 B 相电压 U_{b2}		<<<<		级联母线 1B 相保护电压 2
保护 C 相电压 U_{c1}	SV 接收软压板	<<<<	110kV 进线 1 第一套合智装置	级联母线 1C 相保护电压 1
保护 C 相电压 U_{c2}		<<<<		级联母线 1C 相保护电压 2
保护 A 相电流 I_{a1}（反）		<<<<		保护电流 A 相 1
保护 A 相电流 I_{a2}（反）		<<<<		保护电流 A 相 2
保护 B 相电流 I_{b1}（反）		<<<<		保护电流 B 相 1
保护 B 相电流 I_{b2}（反）		<<<<		保护电流 B 相 2
保护 C 相电流 I_{c1}（反）		<<<<		保护电流 C 相 1
保护 C 相电流 I_{c2}（反）		<<<<		保护电流 C 相 2

110kV 进线 1 和进线 2 第一套合智装置的母线电压均从 110kV 第一套母线合并单元级联获得，虚端子信息流见表 3-6 所示。

根据第二章第一节的介绍，接入 110kV 进线合智装置的保护电流一般以线路流向母线为正方向，而线路保护要求电流以母线流向线路为正方向，因此 110kV 进线合智装置输出的电流必须在线路保护装置侧接入反极性输入虚端子，才能满足线路保护装置对电流极性的要求。

二、GOOSE 开入、开出虚回路

线路保护经点对点直连光纤至相应进线的第一套合智装置，接收断路器的位置和闭锁重合闸等信号并实现断路器的跳合闸功能，具体虚回路信息流见表 3-15。

表 3-15　110kV 进线 1 线路保护与 110kV 进线 1 第一套合智装置 GOOSE 信息流

线路保护虚端子	软压板	信息流向	对侧装置	合智装置虚端子
断路器位置	—	<<<<		断路器位置
闭锁重合闸 1	—	<<<<		闭锁重合闸
合后位置（可选）	—	<<<<		KKJ 合后
低气压（弹簧未储能）闭重	—	<<<<	110kV 进线 1 第一套合智装置	低气压（弹簧未储能）
控制回路断线闭重	—	<<<<		控制回路断线
HWJ1（可选）	—	<<<<		HWJ
TWJ（可选）	—	<<<<		TWJ
保护跳闸	保护跳闸软压板	>>>>		保护跳闸 1
重合闸	重合闸软压板	>>>>		保护重合闸 2

表 3-15 中，"断路器位置"用于重合闸逻辑判断断路器的位置状态。

"闭锁重合闸"是当主变压器电气量保护、非电量保护、110kV 备自投动作跳开 110kV 进线断路器时或者手分（遥分）断路器时，对重合闸进行放电，以防止进线断路器跳开后因重合闸误动作而再次合上断路器。

"KKJ 合后"的主要作用是判断断路器是否为手分（遥分）操作，当手分（遥分）断路器时 KKJ 变为 0，保护装置收到 KKJ 变位信号后对重合闸放电。在智能变电站中，当手分（遥分）断路器时，合智装置会同时生成"闭锁重合闸"的信号，返送回保护装置后已经可以实现对重合闸的放电，因此"KKJ 合后"可以不接，但是部分厂家设备的重合闸充电逻辑需要 KKJ 这个开入量，因此可根据实际设备情况，选择是否接入"KKJ 合后"。

"低气压（弹簧未储能）闭重"和"控制回路断线闭重"沿用传统综合自动化站的设计习惯，仍可接入，其中部分厂家保护装置通过接收 HWJ 和 TWJ 的状态,由线路保护本身来判断控制回路是否断线,因此对这类装置需接入"HWJ"和"TWJ"虚端子。需要指出的是,无论采取何种方式实现"控制回路断线闭重",均应带有一定延时才能对重合闸放电,避免在断路器动作过程中 TWJ 和 HWJ 短暂同时失电而出现重合闸误放电的情况。

线路保护跳闸必须接入合智装置的"保护跳闸"虚端子,不能接"保护永跳"虚端子,否则在线路发生故障断路器跳闸的同时会生成闭锁重合闸的信号,导致重合闸错误放电。

三、虚回路信息流图

图 3-8 为 110kV 进线 1 线路保护与各相关智能装置之间信息交互的虚回路信息流示意图。

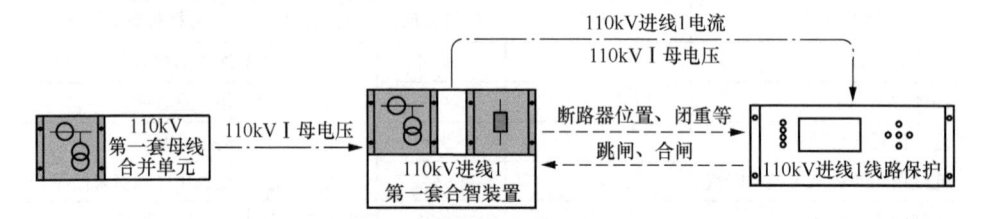

图 3-8　110kV 进线 1 线路保护虚回路信息流示意图

四、110kV 线路保护虚回路相关问题

1. "低气压(弹簧未储能)闭重"和"控制回路断线闭重"的接入探讨

在 110kV 传统综合自动化变电站中,线路保护的重合闸存在误充电、误动作的问题,如线路发生永久性故障,断路器跳闸、重合并再次跳闸后将进行合闸弹簧储能,在储能过程中控制回路中的跳闸位置继电器 TWJ 因合闸回路处于断开状态而不动作,保护装置收不到 TWJ 即认为断路器处于合位,从而误启动重合闸充电逻辑,假如弹簧储能时间长于重合闸充电时间,那么重合闸将可以完成充电,等到储能完成合闸回路导通后,TWJ 得电动作,重合闸将因断路器位置不对应而动作,再次重合断路器。这种线路保护重合闸误充电、误动作现象的根本原因是常规保护装置取的断路器位置是控制回路中的 TWJ,在某些情况下 TWJ 与实际断路器的位置并不完全对应,导致重合闸误判断路器位置。"低气压(弹簧未储能)闭重"特别是"控制回路断线闭重"信号,可以很好地反应此类异常情况,因此在常规保护中接入上述信号可以有效解决重合闸的误充电、误动作问题。

在 110kV 智能站的线路保护中,重合闸判断断路器位置采用的是由合智装置生成断路器辅助接点（双点），能够直接反应断路器的实际位置，无论分合闸回路是否断线，都不会影响保护对断路器位置状态的判断。因此，智能站线路保护已不存在重合闸误充电、误动作的根本诱因，严格意义上来说也不需要再接入"低气压（弹簧未储能）闭重"和"控制回路断线闭重"。

2. 双套合智装置配置时的闭锁重合闸方式

根据第二章第四节介绍的"闭锁重合闸"信号的生成逻辑，当主变压器第一套保护、非电量保护动作或者110kV备自投动作跳开110kV进线断路器时，进线第一套合智装置会在跳闸的同时生成"闭锁重合闸"信号，来对线路保护重合闸进行放电，以防止进线断路器跳开后因重合闸误动作而再次合上断路器。

当主变压器第一套保护退出时，如110kV母线或主变压器发生故障，主变压器第二套保护动作于110kV进线第二套合智装置，跳开进线断路器，但由于单套配置的110kV线路保护只与第一套合智装置进行信息交互，因此线路保护不会收到第二套合智装置生成的"闭锁重合闸"信号，从而会将进线断路器误判为"偷跳"而启动重合闸，将断路器再次合上。因此，在采用双套合智装置的配置模式时，如果进线配有线路保护，应有主变压器第二套保护动作后闭锁重合闸的措施。目前，有以下几种不同的闭锁重合闸方式：

（1）电缆硬开入闭锁方式。根据进线合智装置"闭锁重合闸"硬接点信号的生成逻辑，该接点在手分（遥分）断路器、非电量保护跳闸、保护永跳等情况下均可实现开出。合智装置也同时具备"闭锁重合闸"硬开入，用于接收来自另一套合智装置的闭锁重合闸信号。

因此，可将进线第二套合智装置"闭锁重合闸"硬接点开出接至第一套合智装置的"闭锁重合闸"的硬接点开入，如图3-9所示。在主变压器第一套保护退出的情况下，进线第二套合智装置收到主变压器第二套保护动作时的"保护永跳"GOOSE信号后，在跳开进线断路器的同时生成"闭锁重合闸"硬接点信号，并由上述电缆回路转发至第一套合智装置，由第一套合智装置生成"闭锁重合闸"GOOSE信号，通过虚回路对线路保护重合闸进行放电。

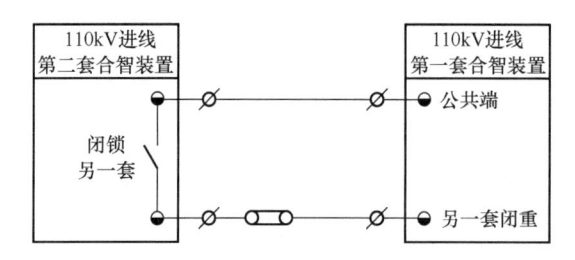

图 3-9　110kV 进线第二套合智装置闭重开出电缆回路

这种方式不改变原来的光纤连接和虚回路，只需在两套合智装置之间增加闭锁重合闸的电缆回路，但闭重回路的设置一定程度上增加了二次回路的复杂性，给现场运维检修人员的操作提升了难度。

（2）主变压器第二套保护直接闭锁重合闸。为实现主变压器第二套保护动作时能闭锁重合闸，可考虑直接将保护动作信号发送给线路保护装置。实现上既可以采用在主变压器第二套保护和线路保护之间新增直连光纤的方式，也可以利用过程层交换机进行闭重信号的网络传输。这种方式直接明确，但可能需要新增光纤和相应的虚回路。

（3）调整第二套合智装置保护出口硬接点的接入位置。在第二章第四节的图 2-11 中，进线第二套合智装置的保护跳闸出口硬接点和第一套的保护跳闸接点并联后接入控制回路的"保护跳闸"接点，实现主变压器第二套保护的跳闸功能。考虑到断路器控制回路收到"保护永跳"或者"TJF 非电量跳闸"等开入时，合智装置能够生成"闭锁重合闸"的信号，可以考虑将第二套合智装置的保护跳闸出口硬接点接至控制回路的"保护永跳"或者"TJF 非电量跳闸"开入接点，如图 3-10 所示。

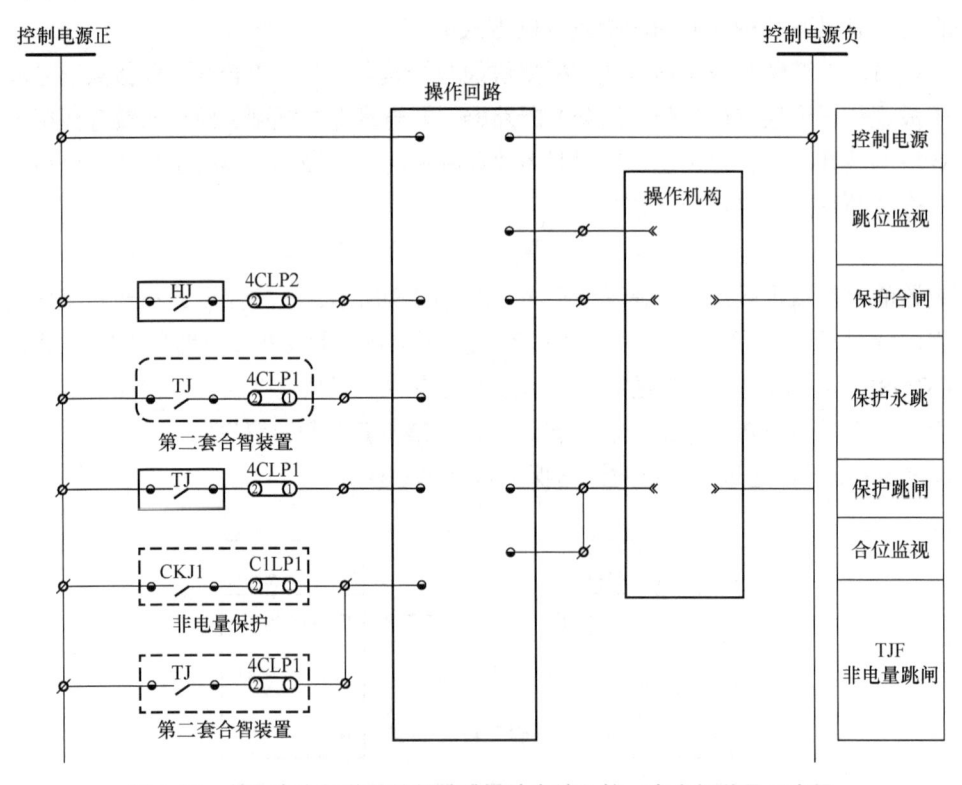

图 3-10 第二套合智装置的保护跳闸接点接入第一套合智装置示意图

当主变压器第二套保护动作后，第二套合智装置的跳闸出口接点一方面通过第一套合智装置的控制回路跳开进线断路器，另一方面第一套合智装置生成闭锁重合闸信号通过已有的虚回路将重合闸放电，防止误动。但是，如果将第二套合智装置的跳闸接点接入"TJF 非电量保护跳闸"，在第二套合智装置跳闸的同时会点亮第一套合智装置的"非电量直跳"灯，容易干扰现场运维及事故中的分析和判断，因此在工程中为实现第二套合智装置闭锁线路保护重合闸的功能，建议将第二套合智装置的跳闸出口接点接入第一套合智装置控制回路的"保护永跳"接点，如图 3-10 中的圆形虚框所示。这种方式不需要单独设置二次电缆或者光纤，也不需要增加虚回路，实现起来简单方便，是目前 110kV 智能变电站工程应用中推荐采用的方式。

第五节　110kV 母分保护虚回路

一、SV 采样虚回路

110kV 母分保护单套配置，采用保测一体装置，通过点对点直连光纤与 110kV 母分第一套合智装置直接相连，实现母分电流的采样，具体 SV 采样虚回路信息流见表 3-16。

表 3-16　110kV 母分保护与 110kV 母分第一套合智装置 SV 信息流

母分保护虚端子	软压板	信息流向	对侧装置	合智装置虚端子
MU 额定延时	SV 接收软压板	<<<<	110kV 母分第一套合智装置	额定延迟时间
保护 A 相电流 I_{a1}		<<<<		保护电流 A 相 1
保护 A 相电流 I_{a2}		<<<<		保护电流 A 相 2
保护 B 相电流 I_{b1}		<<<<		保护电流 B 相 1
保护 B 相电流 I_{b2}		<<<<		保护电流 B 相 2
保护 C 相电流 I_{c1}		<<<<		保护电流 C 相 1
保护 C 相电流 I_{c2}		<<<<		保护电流 C 相 2

二、GOOSE 开出虚回路

110kV 母分保护通过点对点直连光纤与 110kV 进线 1、进线 2 及 110kV 母分断路器的第一套合智装置相连，实现各断路器的跳闸功能，具体虚回路信息流见表 3-17。

表 3-17　110kV 母分保护与各 110kV 断路器第一套合智装置 GOOSE 信息流

母分保护虚端子	GOOSE 发送软压板	信息流向	对侧装置	合智装置虚端子
跳进线 1 断路器	跳进线 1 断路器软压板	>>>>	110kV 进线 1 第一套合智装置	保护永跳 3
跳进线 2 断路器	跳进线 2 断路器软压板	>>>>	110kV 进线 2 第一套合智装置	保护永跳 3
跳母分断路器	跳母分断路器软压板	>>>>	110kV 母分第一套合智装置	保护永跳 4

三、虚回路信息流图

图 3-11 为 110kV 母分保护与各相关智能装置之间信息交互的虚回路信息流示意图。

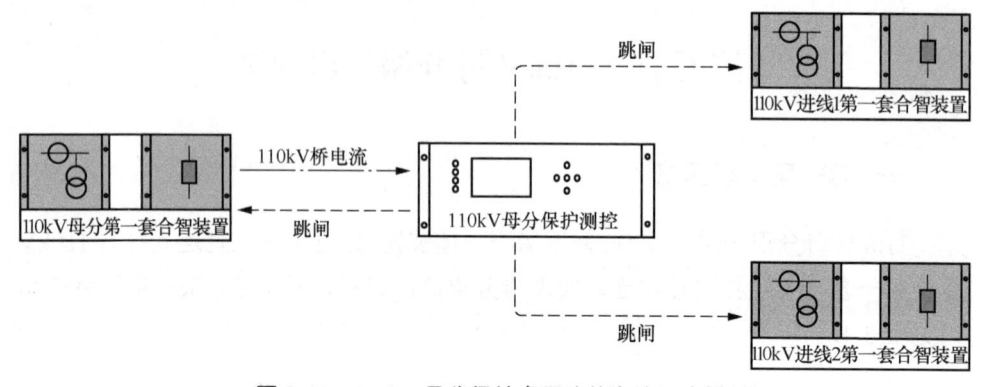

图 3-11　110kV 母分保护虚回路信息流示意图

第六节　10kV 母分备自投虚回路

在 110kV 智能变电站工程应用过程中，10kV 母分备自投存在多种实现模式，除了全光纤模式外，还有全电缆模式（即常规采样、电缆跳闸、电缆闭锁），以及介于两者之间的多种"半智能化"模式，各种模式间的差异主要体现在以下四个方面：①采样用常规采样还是 SV 采样；②主变压器保护闭锁备自投用传统电缆还是光纤回路；③跳主变压器 10kV 断路器（包括断路器位置输入）用传统电缆还是光纤回路；④合 10kV 母分断路器（包括断路器位置输入）用传统电缆还是光纤回路。本节以目前最普遍的全光纤模式为例介绍其相关二次回路。

10kV 母分备自投单套配置，经直连光纤从主变压器 10kV 第一套合智装置引入母线电压与主变压器电流；经直连光纤从主变压器 10kV 第一套合智装置和 10kV 母分保护测控集成装置接收断路器位置等相关信号，同时实现跳合闸功能；经直连光纤从主变压器电气量保护引入闭锁信号。

一、SV 采样虚回路

10kV 母分备自投经点对点直连光纤至 1 号主变压器 10kV 第一套合智装置，完成 10kV Ⅰ 段母线电压和 1 号主变压器 10kV 侧电流采样；经点对点直连光纤至 2 号主变压器 10kV Ⅱ 甲第一套合智装置，完成 10kV Ⅱ 段母线电压和 2 号主变压器 10kV 侧电流采样，具体 SV 采样虚回路信息流见表 3-18。

表 3-18　　10kV 母分备自投与主变压器 10kV 第一套合智装置 SV 信息流

备自投虚端子	软压板	信息流向	对侧装置	合智装置虚端子
电源 1 MU 额定延时	电源 1 SV 接收软压板	<<<<	1 号主变压器 10kV 第一套合智装置	额定延迟时间
Ⅰ母 A 相电压 U_{a11}		<<<<		保护电压 A 相 1
Ⅰ母 A 相电压 U_{a12}（可选）				保护电压 A 相 2
Ⅰ母 B 相电压 U_{b11}		<<<<		保护电压 B 相 1
Ⅰ母 B 相电压 U_{b12}（可选）				保护电压 B 相 2
Ⅰ母 C 相电压 U_{c11}		<<<<		保护电压 C 相 1
Ⅰ母 C 相电压 U_{c12}（可选）				保护电压 C 相 2
电源 1 电流 I_{L11}		<<<<		保护电流 A 相 1
电源 1 电流 I_{L12}（可选）				保护电流 A 相 2
电源 2 MU 额定延时	电源 2 SV 接收软压板	<<<<	2 号主变压器 10kV Ⅱ 甲第一套合智装置	额定延迟时间
Ⅱ母 A 相电压 U_{a21}		<<<<		保护电压 A 相 1
Ⅱ母 A 相电压 U_{a22}（可选）				保护电压 A 相 2
Ⅱ母 B 相电压 U_{b21}		<<<<		保护电压 B 相 1
Ⅱ母 B 相电压 U_{b22}（可选）				保护电压 B 相 2
Ⅱ母 C 相电压 U_{c21}		<<<<		保护电压 C 相 1
Ⅱ母 C 相电压 U_{c22}（可选）				保护电压 C 相 2
电源 2 电流 I_{L21}		<<<<		保护电流 A 相 1
电源 2 电流 I_{L22}（可选）				保护电流 A 相 2

和本章第三节的 110kV 备自投虚回路相同，在工程应用中可不采用双 A/D 采样，同时也不需要采集 10kV 母分电流。主变压器低压侧电流作为是否有流的判据，一般只需接入一相（A 相）保护电流。

二、GOOSE 开入虚回路

1. 断路器位置和手跳断路器信号（STJ）接入回路

10kV 母分备自投经点对点直连光纤至 1 号主变压器 10kV 第一套合智装置，接收 1 号主变压器 10kV 断路器位置和手分闭锁信号（STJ）；经点对点直连光纤至 2 号主变压器 10kV Ⅱ 甲第一套合智装置，接收 2 号主变压器 10kV Ⅱ 甲断路器位置和手分闭锁信号（STJ）；经点对点直连光纤至 10kV 母分保护测控装置，接收 10kV 母分断路器位置，具体虚回路信息流见表 3-19。

表 3-19　10kV 母分备自投与相关 10kV 智能装置 GOOSE 信息流

备自投虚端子	信息流向	对侧装置	合智/保护装置虚端子
电源 1 跳位（双点）	<<<<	1 号主变压器 10kV 第一套合智装置	断路器位置
备自投总闭锁 5	<<<<		STJ 信号
电源 2 跳位（双点）	<<<<	2 号主变压器 10kVⅡ甲第一套合智装置	断路器位置
备自投总闭锁 6	<<<<		STJ 信号
分段跳位（双点）	<<<<	10kV 母分保护测控装置	断路器位置

在当前本地区的 110kV 智能变电站中，10kV 备自投只作为母分备自投方式使用，母分备自投方式充电时 10kV 母分断路器一定处于分位，不需要手分（遥分）该断路器，因此可不接入母分断路器手分闭锁备自投的回路。

2. 主变压器电气量保护闭锁量接入回路

10kV 母分备自投经点对点直连光纤接入 1 号主变压器第一套、第二套保护，2 号主变压器第一套、第二套保护的闭锁量，实现主变压器低后备保护动作闭锁备自投的功能，具体虚回路信息流见表 3-20。

表 3-20　10kV 母分备自投闭锁量 GOOSE 开入虚回路信息流

备自投虚端子	信息流向	GOOSE 发送软压板	对侧装置	主变压器保护虚端子
备自投总闭锁 1	<<<<	闭锁低压 1 分支备自投软压板	1 号主变压器第一套保护	闭锁低压 1 分支备自投
备自投总闭锁 2	<<<<	闭锁低压 1 分支备自投软压板	1 号主变压器第二套保护	闭锁低压 1 分支备自投
备自投总闭锁 3	<<<<	闭锁低压 1 分支备自投软压板	2 号主变压器第一套保护	闭锁低压 1 分支备自投
备自投总闭锁 4	<<<<	闭锁低压 1 分支备自投软压板	2 号主变压器第二套保护	闭锁低压 1 分支备自投

10kV 备自投只作为母分备自投方式使用，当主变压器低后备保护动作后，备自投的动作结果只能是放电闭锁，因此在备自投装置侧选取"备自投总闭锁"的虚端子直接实现放电闭锁。部分工程中将主变压器保护动作信号接入 10kV 母分备自投的"1（2）号变压器保护动作"虚端子，其备自投内部逻辑的动作结果也是放电闭锁。

三、GOOSE 开出虚回路

10kV 母分备自投经点对点直连光纤至 1 号主变压器 10kV 第一套合智装置和

2号主变压器10kVⅡ甲第一套合智装置,完成备自投跳闸功能;经点对点直连光纤至10kV母分保护测控装置,实现备自投合10kV母分断路器功能,具体虚回路信息流见表3-21。

表3-21　10kV母分备自投与相关10kV智能装置GOOSE信息流

备自投虚端子	GOOSE发送软压板	信息流向	对侧装置	合智/保护装置虚端子
跳电源1断路器	跳电源1断路器软压板	>>>>	1号主变压器10kV第一套合智装置	保护永跳2
跳电源2断路器	跳电源2断路器软压板	>>>>	2号主变压器10kVⅡ甲第一套合智装置	保护永跳2
合分段断路器	合分段断路器软压板	>>>>	10kV母分保护测控装置	合闸开入1

由于10kV备自投只投入方式三和方式四的母分备自投方式,因此只需要连接跳主变压器10kV断路器与合10kV母分断路器的虚回路,不需要连接跳10kV母分断路器与合主变压器10kV断路器的虚回路。这也是10kV母分备自投与110kV备自投在GOOSE开出虚回路上的一个主要区别。

四、虚回路信息流图

图3-12为10kV母分备自投与各相关智能装置之间信息交互的虚回路信息流示意图。

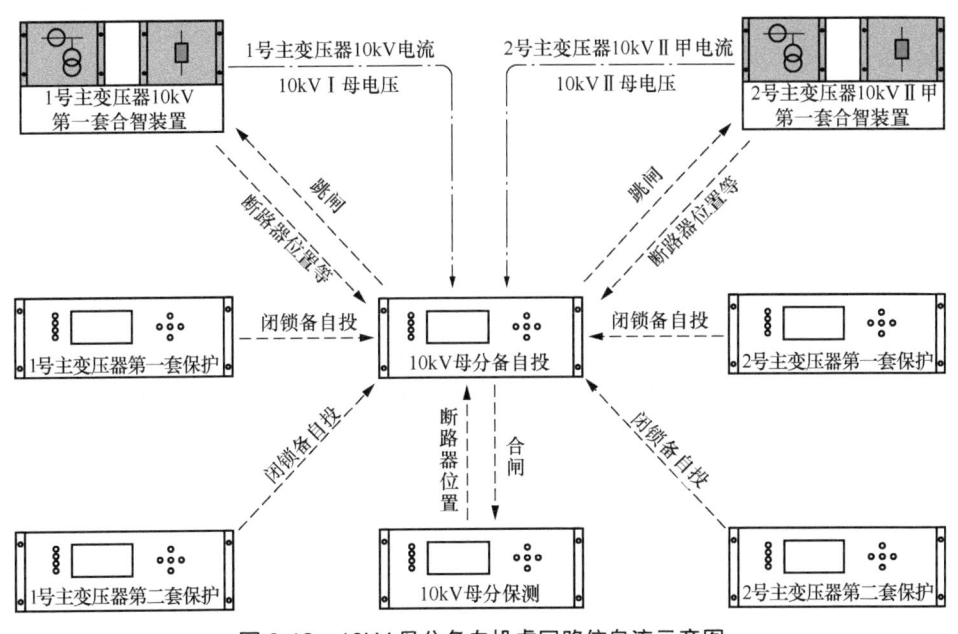

图3-12　10kV母分备自投虚回路信息流示意图

第七节 10kV 母分保护虚回路

10kV 母分保护单套配置，采用保测一体装置并集成母分断路器控制回路，通过点对点直连光纤接收两台主变压器共 4 套主变压器电气量保护的 GOOSE 跳闸命令，通过点对点直连光纤与 10kV 母分备自投相连，上送母分断路器位置信息并接收备自投的 GOOSE 合闸命令。

一、GOOSE 开入、开出虚回路

1. 主变压器保护跳闸接入回路

10kV 母分保护经点对点直连光纤与 1 号主变压器第一套、第二套保护，2 号主变压器第一套、第二套保护相连，10kV 母分保护接收到主变压器保护的 GOOSE 跳闸命令后，通过装置内部的操作插件完成 10kV 母分断路器的跳闸，具体虚回路信息流见表 3-22。

表 3-22　10kV 母分保测装置接收 110kV 主变压器保护 GOOSE 信息流

对侧装置	虚端子名称	GOOSE 发送软压板	信息流向	本侧装置	保护虚端子
1 号主变压器第一套保护	跳低压 1 分支分段	跳低压 1 分支分段软压板	>>>>	10kV 母分保测装置	跳闸开入 1
1 号主变压器第二套保护	跳低压 1 分支分段	跳低压 1 分支分段软压板	>>>>		跳闸开入 2
2 号主变压器第一套保护	跳低压 1 分支分段	跳低压 1 分支分段软压板	>>>>		跳闸开入 3
2 号主变压器第二套保护	跳低压 1 分支分段	跳低压 1 分支分段软压板	>>>>		跳闸开入 4

需要说明的是，虽然主变压器保护通过 GOOSE 回路经 10kV 母分保测装置实现跳母分断路器的功能，但是 10kV 母分保测装置自身的 10kV 母分过流保护仍然是常规保护，其通过电缆二次回路获取母分断路器电流采样并实现对母分断路器的跳闸。

2. 与 10kV 母分备自投之间的虚回路

10kV 母分保护通过点对点直连光纤与 10kV 母分备自投相连，上送母分断路器位置信息并接收备自投的 GOOSE 合闸命令。在本章第六节中已经介绍过这两者之间的虚回路，这里直接给出虚回路信息流，见表 3-23。

表 3-23　10kV 母分备自投与 10kV 母分保测装置 GOOSE 信息流

对侧装置	备自投虚端子	GOOSE 发送软压板	信息流向	本侧装置	保护虚端子
10kV 母分备自投	分段跳位（双点）	—	<<<<	10kV 母分保测装置	断路器位置
	合分段断路器	合分段断路器软压板	>>>>		合闸开入 1

二、虚回路信息流图

图 3-13 为 10kV 母分保测装置与各相关智能装置之间信息交互的虚回路信息流示意图。

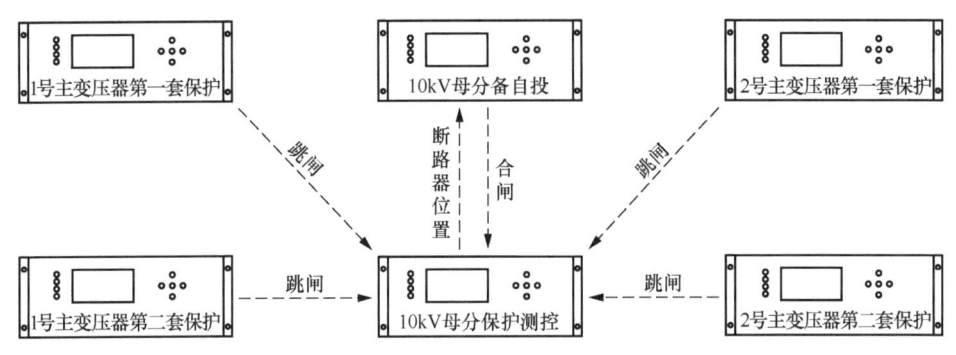

图 3-13　10kV 母分保护虚回路信息流示意图

三、与传统综合自动化变电站 10kV 母分断路器保护跳闸回路的区别

两台主变压器的低后备保护动作后均第一时限跳 10kV 母分断路器，10kV 母分保护自身动作后也会出口跳母分断路器。如图 3-14 所示，在传统综合自动化变电站内，上述共 5 套保护的跳闸接点经各自的跳闸出口硬压板后接入母分断路器控制回路的"保护跳闸"接点，因而这几个出口回路之间是相互独立的，即使 10kV 母分保护改为信号或停用状态，或者其本身的跳闸出口硬压板误退出，也不会影响主变压器保护的跳闸功能，在系统发生故障时仍然能跳开母分断路器，不会出现断路器拒动。

对于智能变电站，主变压器保护将 GOOSE 跳闸命令经点对点直连光纤发送至 10kV 母分保护装置，由其转换成电信号后，最终都通过 10kV 母分保护的跳闸回路经跳闸硬压板 4CLP1 后实现断路器跳闸，也就是说这 5 个跳闸回路之间并不独立。如果因检修或其他原因需要将 10kV 母分保护装置改为信号或停用状态时，或其出口硬压板误退出时，将会同时影响主变压器保护的跳闸功能，在发生故障时即使各保护均正确动作，也会导致母分断路器拒动，扩大故障范围。

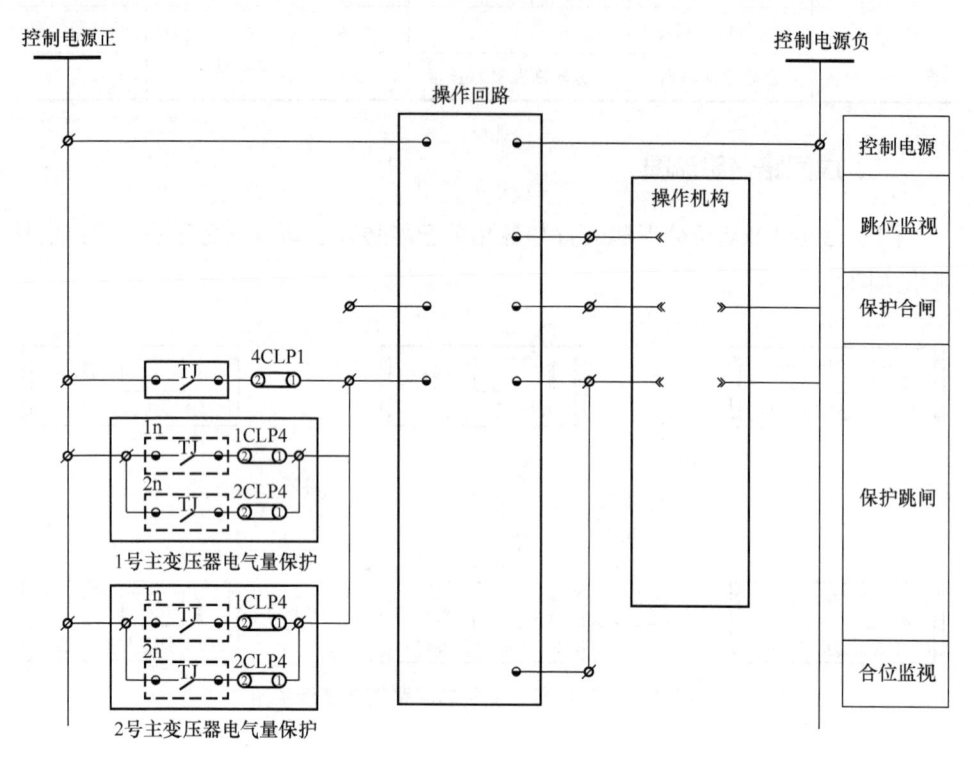

图 3-14 传统综合自动化变电站 10kV 母分断路器控制回路

因此，在传统综合自动化变电站中，10kV 母分保测装置需改信号状态或单装置停用检修时，可不停役 10kV 母分断路器，而在智能变电站中必须同时停役 10kV 母分断路器。

第八节 110kV 母线电压并列回路

当某一段 110kV 母线上的电压互感器发生故障需要停用检修时，该段母线各间隔的保护、测控和计量等装置将失去对应的二次电压。电压并列功能通过引接另一段母线电压互感器的二次电压，来保证这些装置的正常运行。

智能变电站的 110kV 母线电压并列功能由母线合并单元实现，两套母线合并单元均各自经电缆接入两段母线的二次电压，当满足一定条件后通过内部并列逻辑来选择发布某一段母线的电压，实现电压并列。

一、电压并列条件及接入方式

二次电压并列需要满足一定的条件：只有当连接两段母线的 110kV 母分断路器及其两侧闸刀均处于合位时，才允许进行二次电压并列，也就是说只有一次系统先并列，才能进行二次电压并列。此外，在实际并列过程中，还需要一个手动并列切换开关来完成现场电压并列的操作。

110kV 母线合并单元通过过程层 GOOSE 网络获取 110kV 母分断路器及其两侧闸刀位置。电压并列切换开关 QK 通过二次电缆直接开入到母线合并单元，两套母线合并单元共用同一个电压并列操作开关。在实际工程中，电压并列切换开关 QK 一般安装在 110kV Ⅰ 段的母线汇控柜，选取其一副触点通过柜内电缆直接接至本柜内的 110kV 第一套母线合并单元，再选取其另一副触点通过电缆接至位于 Ⅱ 段母线汇控柜的第二套母线合并单元，实现手动操作并列切换开关时两套母线合并单元同时并列的功能。电压并列切换开关 QK 一般有三个位置，分别为："正常""Ⅰ母退出取Ⅱ母"和"Ⅱ母退出取Ⅰ母"，其中"正常"位置即解列位置。

图 3-15 为 110kV 第一套母线合并单元的电压并列回路示意图，图中"⟶"表示二次电缆回路。

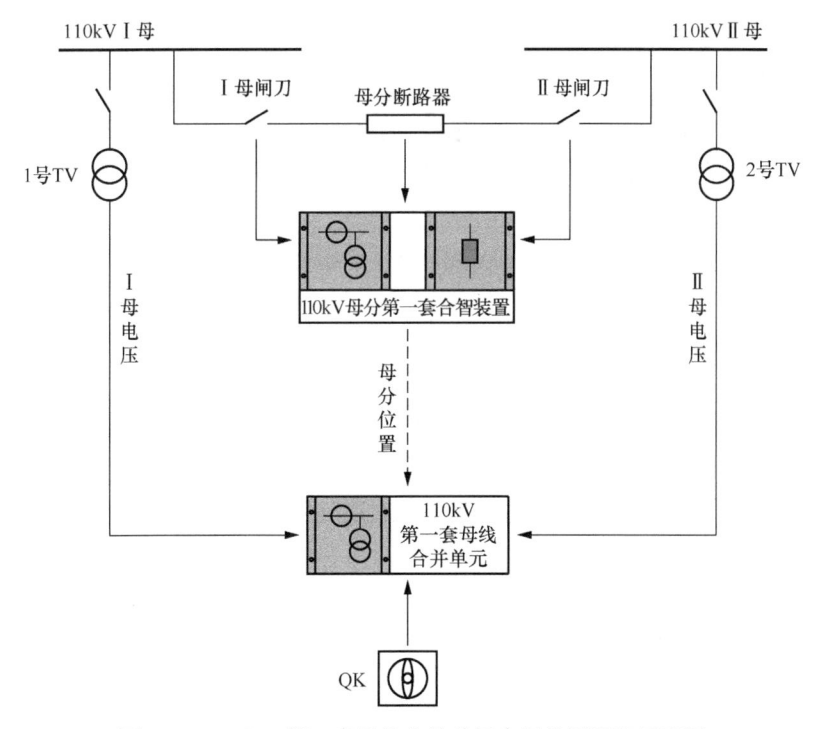

图 3-15 110kV 第一套母线合并单元电压并列回路示意图

虚回路信息流见表 3-24。

表 3-24　110kV 母线合并单元与 110kV 母分合智装置 GOOSE 信息流

本侧装置	母线合并单元虚端子	信息流向	对侧装置	合智装置虚端子
110kV 第一套母线合并单元	母分断路器位置	<<<<	110kV 母分第一套合智装置	断路器位置
	母分隔离开关 1 位置	<<<<		Ⅰ 母侧隔离开关位置
	母分隔离开关 2 位置	<<<<		Ⅱ 母侧隔离开关位置
110kV 第二套母线合并单元	母分断路器位置	<<<<	110kV 母分第一套合智装置	断路器位置
	母分隔离开关 1 位置	<<<<		Ⅰ 母侧隔离开关位置
	母分隔离开关 2 位置	<<<<		Ⅱ 母侧隔离开关位置

在部分工程中，110kV 母分第二套合智装置接入了断路器及两侧闸刀的辅助位置，因此也有 110kV 母线第二套合并单元从 110kV 母分第二套合智装置采集相关位置的方式。

二、虚回路信息流图

图 3-16 为 110kV 母线合并单元与 110kV 母分第一套合智装置信息交互的虚回路信息流示意图。

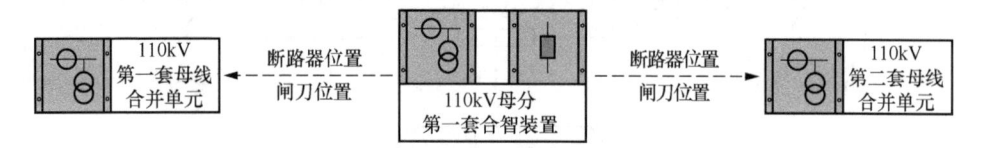

图 3-16　110kV 母线电压并列虚回路示意图

三、电压并列逻辑

正常运行时，电压并列切换开关 QK 处于"正常"位置，每套母线合并单元输出的Ⅰ母电压为Ⅰ段母线 TV 二次电压，输出的Ⅱ母电压为Ⅱ段母线 TV 二次电压；当Ⅰ母 TV 需要检修时，在完成一次系统并列的前提下，将电压并列切换开关 QK 切换到"Ⅰ母退出取Ⅱ母"位置，两套母线合并单元输出的Ⅰ母电压和Ⅱ母电压均同时切换为Ⅱ段母线 TV 二次电压。同理，当Ⅱ母 TV 检修时，把电压并列切换开关切换至"Ⅱ母退出取Ⅰ母"位置，两套母线合并单元同时输出Ⅰ母 TV 的电压。电压并列逻辑真值表见表 3-25。

表 3-25　　　　110kV 母线合并单元电压并列逻辑真值表

并列切换开关 QK 位置			母分位置	Ⅰ母电压输出	Ⅱ母电压输出
Ⅱ母退出取Ⅰ母	正常	Ⅰ母退出取Ⅱ母			
	√		×	Ⅰ母	Ⅱ母
√			合位	Ⅰ母	Ⅰ母
√			分位	Ⅰ母	Ⅱ母
√			00 或 11	保持	保持
		√	合位	Ⅱ母	Ⅱ母
		√	分位	Ⅰ母	Ⅱ母
		√	00 或 11	保持	保持

注：母分位置包括母分断路器和两侧闸刀位置，"00"和"11"分别表示中间位置和无效位置，"×"表示处于任何位置。

四、110kV 母线电压并列相关问题

1. 与传统综合自动化变电站母线电压并列的区别

与传统综合自动化变电站的电压并列相比，智能变电站的电压并列从装置配置到并列方式都截然不同：

（1）传统综合自动化变电站为实现电压并列，需要配置单独的电压并列装置，而智能变电站的电压并列功能由母线合并单元实现，没有独立的电压并列装置。

（2）从并列原理上来看两者更是存在本质的差异：传统综合自动化变电站通过断路器、闸刀位置来驱动并列装置中的继电器，将其中一段母线的二次电压实际并列到另一段母线的二次电压输出回路上，是一种物理并列方式。智能变电站的电压并列实质上是一个数据选择切换的过程，即通过母线合并单元内的程序逻辑将一段母线的电压数据复写到另一段母线的电压数据上，实际二次电压回路之间不会形成物理上的并列，也就不会存在二次反送电的问题。

严格来说，智能变电站的母线电压并列方式称为"母线电压切换"可能更为贴切，但由于其实现的功能和传统综合自动化变电站的电压并列回路是相同的，为了保持命名习惯一致，同时也为了不与双母线接线间隔的电压切换回路混淆，仍将其命名为母线电压并列。

2. 110kV 一段母线电压互感器电压空气开关跳开后的处理方式

对于传统综合自动化变电站，电压并列是电压二次回路的物理并列，在 TV 电压空气开关跳开后如果进行电压并列，由于二次回路故障仍然存在，将导致并

列上去的母线段电压空气开关也跳开,扩大故障范围。

　　对于智能变电站,电压并列是将一段母线的电压数据复写到另一段母线的电压数据上的过程,其电压二次回路不会形成物理上的并列,因此可以采取电压并列的方式来恢复故障段母线上保护测控等装置的二次电压采样数据。

第四章　110kV 智能变电站检修安全技术措施

在传统综合自动化变电站进行继电保护检修作业时，往往采用投退保护装置的硬压板、断开端子排连接片及解开二次电缆线的方式来将检修设备与运行设备隔离，其本质都是通过断开检修设备与运行设备之间的物理连接来达到安全有效隔离的目的。智能变电站中，电缆回路被光纤取代，跳合闸出口硬压板被软压板取代，硬接点信号变成了 GOOSE 信号，模拟量采样变成了 SV 报文，因此在检修作业过程中执行更侧重于"逻辑隔离"的安全技术措施，再辅以部分物理隔离措施，来实现检修设备和运行设备之间的安全隔离。

第一节　安全隔离技术措施

智能变电站继电保护和安全自动装置的安全隔离措施一般可分为投入装置检修压板、退出装置软压板、退出合智装置或智能终端出口硬压板及断开装置间的连接光纤四类方式。

一、检修压板

继电保护装置、安全自动装置、合并单元、智能终端或合智一体装置均设有一块检修硬压板。检修压板投入时，装置发出的 SV、GOOSE 报文会带有检修品质标识（见图 4-1），其报文中的 TEST 位会置为"TRUE"。接收端设备将接收到的报文与本装置检修压板状态进行一致性比较判断，如果两侧装置检修状态一致，则对此报文作有效处理，否则作无效处理，不参与逻辑运算。此即智能变电站继电保护特有的检修机制，本章第二节将进一步详细介绍检修机制的具体内容。

```
IEC 61850 GOOSE
    AppID*: 282
    PDU Length*: 150
    Reserved1*: 0x0000
    Reserved2*: 0x0000
  □ PDU
     IEC GOOSE
     {
       Control Block Reference*:   PB5031BGOLD/LLN0$GO$gocb0
       Time Allowed to Live (msec): 10000
       DataSetReference*:   PB5031BGOLD/LLN0$dsGOOSE0
       GOOSEID*:   PB5031BGOLD/LLN0$GO$gocb0
       Event Timestamp: 2008-12-27 13:38:46.222997 Timequality: 0a
       StateNumber*:   2
       Sequence Number:   0
       Test*:    TRUE
       Config Revision*:   1
       Needs Commissioning*:    FALSE
       Number Dataset Entries:  8
       Data
       {
         BOOLEAN:   TRUE
         BOOLEAN:   FALSE
         BOOLEAN:   FALSE
```

图 4-1 GOOSE 报文带检修标识

二、软压板

软压板分为发送软压板和接收软压板，用于从逻辑上隔离信号或采样值的输入、输出，改变软压板的状态便可以实现某一路信号或采样值的逻辑通断。

（1）GOOSE 发送软压板：保护装置在发送端设置 GOOSE 发送软压板，负责控制本装置向其他智能装置发送 GOOSE 信号。发送软压板退出时，保护装置仍能正常动作，但其发送报文中的相应保护动作信号指令均为 0。

GOOSE 发送软压板处理示意图如图 4-2 所示，信号输入为保护动作信号，信号最终输出为 GOOSE 报文形式的保护跳闸或者合闸信号。GOOSE 输出信号由保护动作信号和发送软压板共同决定，通过改变软压板的状态便可以实现输出信号的逻辑隔离，实现类似常规保护装置出口硬压板的开断功能。

图 4-2 GOOSE 发送软压板处理示意图

当发送软压板设置为 1 时，保护动作信号数据集相应数据位反映保护信号的实际状态。当发送软压板为 0 时，保护动作信号数据集相应数据位始终为 0。需要说明的是，即使 GOOSE 发送软压板为退出状态，保护装置仍会按照 GOOSE 要求的心跳报文时间间隔 T_0 向对侧装置发送数据，不会导致接收方误判 GOOSE 断链。

（2）GOOSE 接收软压板：负责控制本装置接收其他智能装置发送来的 GOOSE 信号。接收软压板退出时，本装置对其他装置发送来的相关 GOOSE 信号不作逻辑处理。需要说明的是，110kV智能变电站从简化回路设置的角度出发，接收端不设置GOOSE接收软压板。

GOOSE接收软压板处理示意图如图4-3所示，GOOSE输入信号由保护装置开入信号和接收软压板共同决定，通过改变接收软压板的状态便可以实现其中一路输入信号的通断，实现逻辑隔离功能。

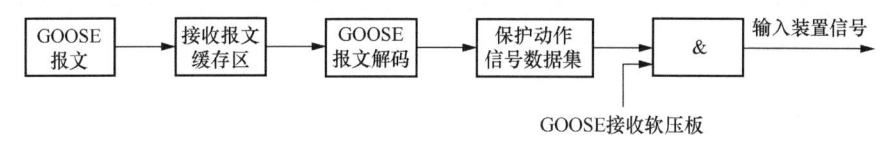

图4-3 GOOSE接收软压板处理示意图

当GOOSE接收软压板为1时，保护装置按照GOOSE报文的实际内容进行处理。当GOOSE接收软压板为0时，保护装置不再处理该GOOSE报文，保护装置相应开入始终为0。

（3）SV接收软压板：保护装置就对应的每台合并单元设置一块SV接收软压板，负责控制本装置接收来自该合并单元的采样值信息，SV接收软压板退出时，相应采样值不显示，且不参与保护逻辑运算，SV接收软压板处理流程图如图4-4所示。智能变电站保护装置中的SV接收软压板功能与传统综合自动化变电站保护屏上的大电流端子相似。

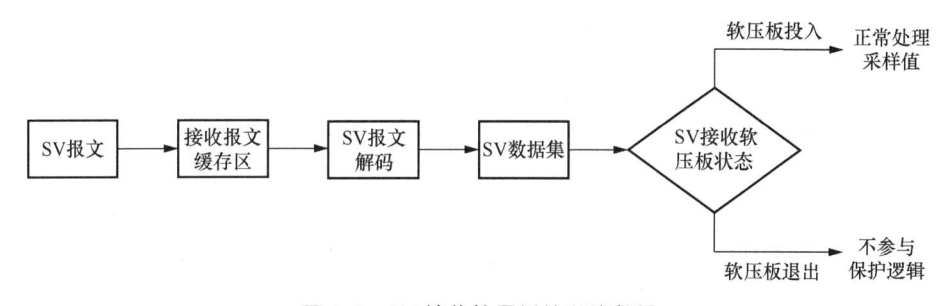

图4-4 SV接收软压板处理流程图

三、智能终端（合智装置）出口硬压板

智能终端出口硬压板位于断路器的控制回路之前，保护动作时，通过硬压板将控制回路导通，实现断路器的跳合闸，例如第二章第四节图2-11所示的断路器控制回路中，压板4CLP1即为合智装置的保护跳闸硬压板，压板4CLP2为保护合闸硬压板，4YLP1为遥控分闸硬压板，4YLP2为遥控合闸硬压板。取下智能终

端出口硬压板相当于完全断开了跳合闸脉冲与控制回路之间的电气联系，从根源上阻断了保护及测控跳合闸命令的出口。因此，智能终端出口硬压板可作为一个明显的电气断开点，实现断路器跳合闸二次回路的通断。

需要指出的是，智能终端只配置一块保护跳闸硬压板和一块保护合闸硬压板，不同的电气量保护最终都通过同一块硬压板实现断路器的保护跳合闸，如果将保护跳闸硬压板退出，那么所有与该合智装置相关的电气量保护均无法实现该断路器的跳闸。

四、光纤

智能装置之间的虚回路连接均通过光纤实现，直接断开装置间的光纤能够从物理上实现检修装置与运行装置的可靠隔离。但断开光纤的方式存在光纤接口使用寿命缩短、正常运行装置逻辑受影响、检修试验工作受限等问题，在作业现场一般不优先采用。

第二节　智能变电站检修机制

一、检修机制概述

当装置检修压板投入时，表示装置处于检修状态，一般通过装置上的 LED 状态灯、液晶屏显示等方式提醒运维检修人员，检修压板只能就地操作。

检修机制是智能变电站继电保护特有的逻辑，其核心是通过装置检修硬压板将设备分为检修域和运行域两部分，同一域内设备的信息可以有效交互，而跨域设备的信息交互都无效。其中，合并单元与保护装置之间的采样值处理机制属于"SV 检修机制"，决定了保护装置是否动作；保护装置与智能终端之间的保护动作信息处理机制属于"GOOSE 检修机制"，决定了保护出口后断路器是否动作。智能变电站检修机制示意图见图 4-5。

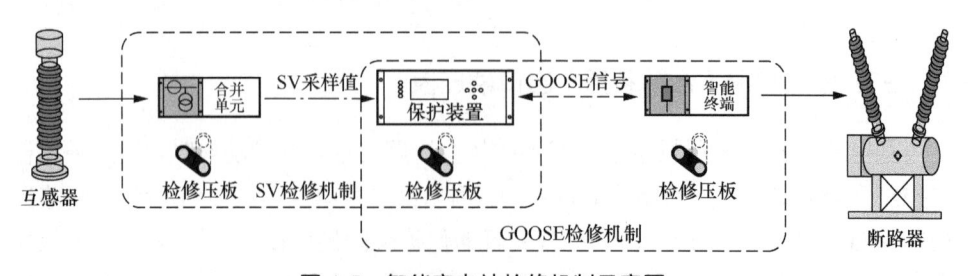

图 4-5　智能变电站检修机制示意图

二、SV 检修机制

1. 基本原理

正常运行时，保护装置和合并单元的检修压板都不投入，双方的检修状态相同，此时允许保护正常动作；当单独投入保护装置检修压板或合并单元的检修压板时，双方的检修状态不同，此时保护会闭锁与该采样值相关的功能，不会动作；当保护装置和合并单元的检修压板均投入时，双方的检修状态相同，保护也允许动作，但动作后的报文会带有检修标识。

间隔合并单元与保护装置之间的 SV 检修处理机制具体见表 4-1，由此可见，SV 检修机制决定了采样值的有效性，进而决定了保护装置能否动作。

表 4-1　　间隔合并单元与保护装置之间的 SV 检修处理机制

合并单元检修压板	保护装置检修压板	SV 数据有效性	保护动作情况
×	×	有效	保护可以正常动作
√	×	无效	闭锁与该采样值相关保护
×	√	无效	闭锁与该采样值相关保护
√	√	有效	保护可以动作，但出口报文带检修标识

注："√"表示检修压板投入，"×"表示检修压板退出，下同。

对于存在多路 SV 输入的保护，只有相关合并单元的检修状态与保护装置的检修状态均一致时，保护才能正确动作。以 110kV 主变压器保护为例，当 110kV 进线合并单元的检修压板投入而其他侧合并单元的检修压板退出时，由于主变压器差动保护和高后备保护均需要该进线合并单元的电流，因此会闭锁差动保护和高后备保护，主变压器低后备保护与高压侧进线电流无关，因此不会闭锁。

2. 母线合并单元检修时的处理方式

事实上，上文所述的 SV 检修机制基本原理主要针对采集电流的间隔合并单元，而智能变电站母线合并单元采集母线电压，当其检修硬压板投入时，相关接收端的保护装置处理方式会有所不同，具体见表 4-2。

表 4-2　　母线合并单元与保护装置之间的 SV 检修处理机制

母线合并单元检修压板	保护装置检修压板	SV 报文有效性	详细情况
×	×	有效	保护可以正常动作
√	×	无效	保护按该侧 TV 断线处理
×	√	无效	保护按该侧 TV 断线处理
√	√	有效	保护可以动作，出口报文带检修标识

当母线合并单元和保护装置的检修状态不一致时,保护装置都对该侧电压做"TV 断线"处理,而不闭锁保护。比如 110kV 母线合并单元单独投入检修压板时,主变压器高后备保护认为高压侧电压 TV 断线,从而退出高压侧电压的复压判别,仅通过低压侧电压进行复压判别。

3. 母线合并单元和间隔合并单元级联时的电压数据状态

母线合并单元和间隔合并单元各有一块检修硬压板,当电压数据从母线合并单元级联到间隔合并单元,与间隔电流数据共同发送到相关保护装置时,电压数据的有效性将由两个装置的检修压板共同决定。

当间隔合并单元检修压板投入时,装置上送的所有 SV 采样值报文 TEST 位置为"TRUE";间隔合并单元检修压板退出时,经间隔合并单元转发的采样值应反映电压采样值信号的原始检修状态,见表 4-3。

表 4-3 母线合并单元与间隔合并单元级联时的电压数据处理机制

母线合并单元检修压板	间隔合并单元检修压板	电压数据状态
×	×	正常
√	×	检修
×	√	检修
√	√	检修

三、GOOSE 检修机制

智能终端将接收到的 GOOSE 报文中的检修品质位与自身的检修压板状态进行比较,只有两者一致时才将信号作为有效,进行处理或动作。当保护装置检修状态与智能终端不一致时,即使保护动作出口,断路器也不会跳闸,因此 GOOSE 检修机制决定了保护出口以后,断路器是否动作的问题。同时,当两者检修状态不一致时,保护装置也不处理智能终端上送的断路器、闸刀等位置信息,而保持断路器、闸刀位置的原状态。保护装置与智能终端之间的 GOOSE 检修处理机制见表 4-4。

表 4-4 保护装置与智能终端之间的 GOOSE 检修处理机制

保护装置检修压板	智能终端检修压板	GOOSE 报文有效性	详细情况
×	×	有效	保护正常实现断路器跳合闸
√	×	无效	保护动作后,智能终端不跳合断路器
×	√	无效	保护动作后,智能终端不跳合断路器
√	√	有效	保护可以实现断路器跳合闸,出口报文带检修标识

需要指出的是，合智装置将合并单元和智能终端集成在一个装置，只有一块检修硬压板，当该检修压板投入时，合智装置整体为检修状态，会同时影响 SV 采样值和 GOOSE 信号的报文状态，但其检修机制的处理方式与本节所介绍的完全一致。

四、MMS 检修机制

MMS 检修机制主要针对站控层报文的处理方式，当装置检修压板投入时，本装置所有上送的报文信号中检修品质 TEST 置位，客户端根据装置上送报文中的检修品质位判断报文是否为检修报文，并作出相应处理。当报文为检修报文时，报文内容不显示在简报窗中，不发出音响告警，但应该刷新画面，保证画面的状态与实际相符。

第三节 典型安全技术措施实施

一、安全措施实施基本原则

为保证检修设备与运行设备之间互不影响，达到安全隔离的目的，智能变电站继电保护作业安全措施的实施应遵循以下基本原则：

1. 一二次设备状态要求

单套配置的装置校验、消缺等现场检修作业时，需停役相关一次设备。

双套配置的二次设备仅单套设备校验、消缺时，可不停役一次设备，但应防止一次设备无保护运行；在不停役一次设备条件下进行单套设备停用工作时，应同时停用受该设备影响的所有保护。需要注意的是，在 110kV 智能变电站中，断路器合智装置虽然是双套配置，但其作用并不是完全对等的，只有第一套合智装置能完整实现断路器的保护跳闸功能，因此当第一套合智装置需要检修时，仍建议停役相应的断路器。

当断路器检修时，所有本间隔保护装置、合并单元和智能终端的检修硬压板应投入；所有运行设备处与本间隔相关的二次联络压板（包括 SV 接收软压板、GOOSE 发送软压板、出口硬压板等）均应退出。

2. 安全措施综合运用

检修硬压板在设备检修时均需投入，实现检修设备与运行设备的逻辑隔离。智能终端出口硬压板作为一个明显的电气断开点，实现断路器跳合闸二次回路的通断，但退出该出口硬压板可能同时影响多个保护功能。直接断开检修设备和运行设备之间的光纤能够从物理连接上实现可靠断开隔离，但断开光纤的方式在作业现场一般不优先采用。

基于装置之间信息流控制的软压板是智能变电站继电保护作业中最常用的安全隔离措施，用以实现装置之间信息的逻辑隔离。作业现场应根据具体作业内容，综合运用各种安全隔离措施，优先采用退出相关装置两侧软压板的安全措施来隔离虚回路，对于的确无法通过其他方式来实现安全隔离的信息回路，可辅助采取断开光纤的安全措施，但不得影响其他装置的正常运行。

3. 双重安全隔离措施

在智能变电站继电保护作业中，投退软压板是最常用的安全措施。软压板实现的是逻辑隔离，不具备明显的物理断开点，因此其可靠性不如传统综合自动化变电站二次电缆回路中的硬压板。同时，当相关装置出现软件异常时，也可能造成部分安全措施失效，即使装置显示软压板已退出，但该软压板功能是否真正处于退出状态仍是值得怀疑的。因此，为提高安全措施的可靠性，虚回路安全隔离应至少采取双重安全措施，如退出相关运行装置中对应的接收软压板、退出检修装置对应的发送软压板，且放上检修装置检修压板。

4. "三信息"比对

"三信息"比对指在检修装置、与检修装置相关联的装置及后台监控系统上，对装置检修压板、GOOSE 发送软压板、SV 接收软压板状态进行核对，确认安全措施是否执行到位。

二、典型消缺工作安全措施

以本书介绍的 110kV 智能变电站继电保护设备配置模式和二次回路连接关系为基础，分析本地区在继电保护相关装置检修消缺工作时实施的典型安全措施。

1. 110kV 进线第一套合智装置消缺

由于 110kV 断路器的保护跳合闸控制功能由第一套合智装置完整实现，当该合智装置故障需要进行检修消缺时，应将相关断路器改为检修状态，其安全措施见表 4-5。

表 4-5　　110kV 进线第一套合智装置消缺安全措施

装置	安全措施	
	安全措施一	安全措施二
110kV 进线第一套合智装置	投入检修压板	取下保护跳闸硬压板
		取下保护合闸硬压板

第四章 110kV 智能变电站检修安全技术措施

续表

装置	安全措施	
	安全措施一	安全措施二
110kV 进线第二套合智装置	投入检修压板	取下保护跳闸硬压板
主变压器第一套保护（根据进线合智装置实际工作需要选择）	保护改信号: 退出跳110kV进线断路器GOOSE发送软压板; 退出跳110kV母分断路器GOOSE发送软压板; 退出跳主变压器10kV断路器GOOSE发送软压板; 退出跳10kV母分断路器GOOSE发送软压板; 退出闭锁110kV备自投GOOSE发送软压板; 退出闭锁10kV母分备自投GOOSE发送软压板	投入检修压板
	退出 110kV 进线 SV 接收软压板	退出跳 110kV 进线断路器 GOOSE 发送软压板
主变压器第二套保护	退出 110kV 进线 SV 接收软压板	退出跳 110kV 进线断路器 GOOSE 发送软压板
110kV 备自投	备自投改信号: 退出跳 110kV 进线 1 断路器 GOOSE 发送软压板; 退出合 110kV 进线 1 断路器 GOOSE 发送软压板; 退出跳 110kV 进线 2 断路器 GOOSE 发送软压板; 退出合 110kV 进线 2 断路器 GOOSE 发送软压板; 退出跳110kV母分断路器GOOSE发送软压板; 退出合110kV母分断路器GOOSE发送软压板	投入检修压板
主变压器非电量保护	取下跳 110kV 进线断路器硬压板	

进线断路器改检修状态后，本间隔的合智装置均投入检修压板，因此进线第二套合智装置也会处于检修状态，如果不退出主变压器第二套保护装置内的高压侧 SV 接收软压板，会导致保护因检修状态不一致闭锁，使一次设备处于无保护运行状态。进线第一套合智装置检修将同时影响 110kV 备自投功能，改信号后进一步投入检修压板便于故障消缺后进行试验验证。此外，110kV 母分保护中也需要退出

跳110kV进线第一套合智装置GOOSE发送软压板，但是由于110kV母分保护正常运行时就处于信号状态，已满足安全措施的要求，故表4-5中未特别列出。

需要指出的是，如果110kV进线第一套合智装置的消缺及验证工作不需要主变压器第一套保护配合，那么主变压器第一套保护可以不改信号状态，只需退出相应的SV接收软压板和GOOSE发送软压板，如果合智装置消缺工作需主变压器第一套保护配合，那么需要将主变压器第一套保护改为信号状态，表4-5中分别给出了这两种情况下的主变压器第一套保护具体安全措施。

2. 110kV进线第二套合智装置消缺

110kV进线第二套合智装置消缺时，第一套合智装置仍能正常实现断路器的跳合闸控制功能，因此一般不需要停役相关一次设备。第二套合智装置检修只影响主变压器第二套保护装置，其安全措施见表4-6。

表4-6　　110kV进线第二套合智装置消缺安全措施

装置	安全措施	
	安全措施一	安全措施二
110kV进线第二套合智装置	投入检修压板	取下保护跳闸硬压板
主变压器第二套保护	保护改信号	退出跳110kV进线断路器GOOSE发送软压板	投入检修压板
^	^	退出跳110kV母分断路器GOOSE发送软压板	^
^	^	退出跳主变压器10kV断路器GOOSE发送软压板	^
^	^	退出跳10kV母分断路器GOOSE发送软压板	^
^	^	退出闭锁110kV备自投GOOSE发送软压板	^
^	^	退出闭锁10kV母分备自投GOOSE发送软压板	^

110kV进线第二套合智装置只有保护跳闸硬压板，没有保护合闸硬压板，因此只需取下保护跳闸硬压板。

3. 110kV母分第一套合智装置消缺

110kV母分第一套合智装置检修消缺时，应将母分断路器改为检修状态，1号主变压器保护和2号主变压器保护均接入110kV母分电流，因此两台主变压器保护均会受影响，需退出主变压器保护装置的母分电流SV接收软压板，其安全措施见表4-7。

表 4-7　　　110kV 母分第一套合智装置消缺安全措施

装置	安全措施	
	安全措施一	安全措施二
110kV 母分第一套合智装置	投入检修压板	取下保护跳闸硬压板
		取下保护合闸硬压板
110kV 母分第二套合智装置	投入检修压板	取下保护跳闸硬压板
1号、2号主变压器第一套保护（根据母分合智装置实际工作需要选择）	保护改信号	投入检修压板
	退出跳 110kV 进线断路器 GOOSE 发送软压板	
	退出跳 110kV 母分断路器 GOOSE 发送软压板	
	退出跳主变压器 10kV 断路器 GOOSE 发送软压板	
	退出跳 10kV 母分断路器 GOOSE 发送软压板	
	退出闭锁 110kV 备自投 GOOSE 发送软压板	
	退出闭锁 10kV 母分备自投 GOOSE 发送软压板	
	退出 110kV 母分 SV 接收软压板	退出跳 110kV 母分断路器 GOOSE 发送软压板
1号、2号主变压器第二套保护	退出 110kV 母分 SV 接收软压板	退出跳 110kV 母分断路器 GOOSE 发送软压板
110kV 备自投	备自投改信号	投入检修压板
	退出跳 110kV 进线 1 断路器 GOOSE 发送软压板	
	退出合 110kV 进线 1 断路器 GOOSE 发送软压板	
	退出跳 110kV 进线 2 断路器 GOOSE 发送软压板	
	退出合 110kV 进线 2 断路器 GOOSE 发送软压板	
	退出跳 110kV 母分断路器 GOOSE 发送软压板	
	退出合 110kV 母分断路器 GOOSE 发送软压板	
1号、2号主变压器非电量保护	取下跳 110kV 母分断路器硬压板	

110kV 母分第一套合智装置检修，两台主变压器的第二套保护都必须退出母分电流 SV 接收软压板，否则会因检修状态不一致而闭锁保护。母分第一套合智装置检修也会影响 110kV 母分保护和 110kV 备自投功能，均需改为信号状态，

由于 110kV 母分保护本就处于信号状态，因此现场核实该保护状态正确即可。同样，两台主变压器第一套保护的安全措施可根据 110kV 母分第一套合智装置的具体工作需求进行选择。

4. 110kV 母分第二套合智装置消缺

110kV 母分第二套合智装置消缺时，第一套合智装置仍能正常实现断路器的跳合闸控制功能，因此一般不需要停役相关一次设备。第二套合智装置检修只影响主变压器第二套保护装置，其安全措施见表 4-8。

表 4-8　　　　110kV 母分第二套合智装置消缺安全措施

装置	安全措施	
	安全措施一	安全措施二
110kV 母分第二套合智装置	投入检修压板	取下保护跳闸硬压板
1 号、2 号主变压器第二套保护	保护改信号	退出跳 110kV 进线断路器 GOOSE 发送软压板
		退出跳 110kV 母分断路器 GOOSE 发送软压板
		退出跳主变压器 10kV 断路器 GOOSE 发送软压板
		退出跳 10kV 母分断路器 GOOSE 发送软压板
		退出闭锁 110kV 备自投 GOOSE 发送软压板
		退出闭锁 10kV 母分备自投 GOOSE 发送软压板

注：第二列"安全措施二"整体为"投入检修压板"。

5. 主变压器 10kV 合智装置消缺

主变压器 10kV 合智装置检修消缺的安全措施与 110kV 进线合智装置消缺时的安全措施基本一致，即第一套合智装置检修时停役对应主变压器 10kV 断路器，陪停主变压器第一套保护以及 10kV 母分备自投，隔离其他保护装置中与该断路器相关联的回路；第二套合智装置消缺可只陪停主变压器第二套保护。需要注意的是，由于 2 号主变压器 10kVⅡ乙断路器与 10kVⅠ、Ⅱ段母分备自投之间没有回路联系，因此当 2 号主变压器 10kVⅡ乙第一套合智装置检修时，不需要陪停 10kV 母分备自投。

6. 110kV 主变压器第一（二）套保护消缺

110kV 主变压器第一（二）套保护消缺时，一般不需要停役相关一次设备，其安全措施见表 4-9。

表 4-9　　110kV 主变压器第一（二）套保护消缺安全措施

装置	安全措施		
	安全措施一	安全措施二	安全措施三
主变压器第一（二）套保护	保护改信号	退出跳 110kV 进线断路器 GOOSE 发送软压板	投入检修压板	取下保护装置背板对应的 GOOSE、SV 光纤
		退出跳 110kV 母分断路器 GOOSE 发送软压板		
		退出跳主变压器 10kV 断路器 GOOSE 发送软压板		
		退出跳 10kV 母分断路器 GOOSE 发送软压板		
		退出闭锁 110kV 备自投 GOOSE 发送软压板		
		退出闭锁 10kV 母分备自投 GOOSE 发送软压板		

取下保护装置背板的 GOOSE 和 SV 光纤能够保证保护装置与其他装置彻底隔离，也方便工作过程中用测试仪进行试验验证。

7. 110kV 备自投消缺

110kV 备自投装置单独消缺时，一般不需要停役相关一次设备，其安全措施见表 4-10。

表 4-10　　110kV 备自投消缺安全措施

装置	安全措施		
	安全措施一	安全措施二	安全措施三
110kV 备自投	备自投改信号	退出跳 110kV 进线 1 断路器 GOOSE 发送软压板	投入检修压板	取下备自投装置背板对应的 GOOSE、SV 光纤
		退出合 110kV 进线 1 断路器 GOOSE 发送软压板		
		退出跳 110kV 进线 2 断路器 GOOSE 发送软压板		
		退出合 110kV 进线 2 断路器 GOOSE 发送软压板		
		退出跳 110kV 母分断路器 GOOSE 发送软压板		
		退出合 110kV 母分断路器 GOOSE 发送软压板		
各主变压器电气量保护	退出闭锁 110kV 备自投 GOOSE 发送软压板		
各主变压器非电量保护	取下闭锁 110kV 备自投硬压板		

8. 110kV 母分保护消缺

110kV 母分保护单独消缺时，一般不需要停役相关一次设备，其安全措施见表 4-11。

表 4-11　　110kV 母分保护消缺安全措施

装置	安全措施		
	安全措施一	安全措施二	安全措施三
110kV 母分保护	保护改信号	退出跳 110kV 进线 1 断路器 GOOSE 发送软压板	投入检修压板	取下保护装置背板对应的 GOOSE、SV 光纤
		退出跳 110kV 进线 2 断路器 GOOSE 发送软压板		
		退出跳 110kV 母分断路器 GOOSE 发送软压板		

9. 10kV 母分保护消缺

10kV 母分保护检修消缺时，10kV 母分断路器将处于无保护运行状态，应将其改为检修状态，其安全措施见表 4-12。

表 4-12　　10kV 母分保护测控装置消缺安全措施

装置	安全措施	
	安全措施一	安全措施二
10kV 母分保测装置	投入检修压板	取下保护跳闸硬压板
		取下保护合闸硬压板
10kV 母分备自投	备自投改信号	退出跳 1 号主变压器 10kV 断路器 GOOSE 发送软压板	投入检修压板
		退出跳 2 号主变压器 10kVⅡ甲断路器 GOOSE 发送软压板	
		退出合 10kV 母分断路器 GOOSE 发送软压板	
各主变压器电气量保护	退出跳 10kV 母分断路器 GOOSE 发送软压板	

10. 110kV 第一套母线合并单元消缺

由于 110kV 备自投接入的母线电压最终来自 110kV 第一套母线合并单元，因此当 110kV 第一套母线合并单元检修时 110kV 备自投功能会受到影响，一般需要陪停。两台主变压器的第一套保护均需退出高压侧电压 SV 接收软压板，防止主变压器高后备保护因电压检修状态不一致而持续告警，其安全措施见表 4-13。需要指出的是，此时两台主变压器第一套保护的高后备保护电压闭锁功能由主变压器低压侧电压控制。

表 4-13　110kV 第一套母线合并单元消缺安全措施

装置	安全措施
110kV 第一套母线合并单元	投入检修压板
1 号主变压器第一套保护	退出高压侧电压 SV 接收软压板
2 号主变压器第一套保护	退出高压侧电压 SV 接收软压板
110kV 备自投	备自投改信号 退出跳 110kV 进线 1 断路器 GOOSE 发送软压板 退出合 110kV 进线 1 断路器 GOOSE 发送软压板 退出跳 110kV 进线 2 断路器 GOOSE 发送软压板 退出合 110kV 进线 2 断路器 GOOSE 发送软压板 退出跳 110kV 母分断路器 GOOSE 发送软压板 退出合 110kV 母分断路器 GOOSE 发送软压板

11. 110kV 第二套母线合并单元消缺

两台主变压器的第二套保护均需退出高压侧电压 SV 接收软压板，防止主变压器高后备保护因电压检修状态不一致而持续告警，其安全措施见表 4-14，此时两台主变压器第二套保护的高后备保护电压闭锁功能由主变压器低压侧电压控制。

表 4-14　110kV 第二套母线合并单元消缺安全措施

装置	安全措施
110kV 第二套母线合并单元	投入检修压板
1 号主变压器第二套保护	退出高压侧电压 SV 接收软压板
2 号主变压器第二套保护	退出高压侧电压 SV 接收软压板

三、半站轮停综合检修安全措施

110kV 智能变电站开展半站轮停综合检修时，一台主变压器及其对应的 110kV 进线、母线及 10kV 出线停电检修，另一台主变压器及相应母线仍处于运行状态。图 4-6 为 1 号主变压器停役检修时的相关一次设备状态，检修工作期间的二次典型安全措施见表 4-15～表 4-19。

1. 2 号主变压器第一套、第二套电气量保护

由于 110kV 母分断路器检修，其两套母分合智装置均投入检修压板，因此必须退出 2 号主变压器保护侧的母分电流 SV 接收软压板，否则会导致 2 号主变压器保护因检修状态不一致闭锁。同时，为了防止 2 号主变压器保护出口影响母分断路器及相关备自投，需退出相应的 GOOSE 发送软压板。

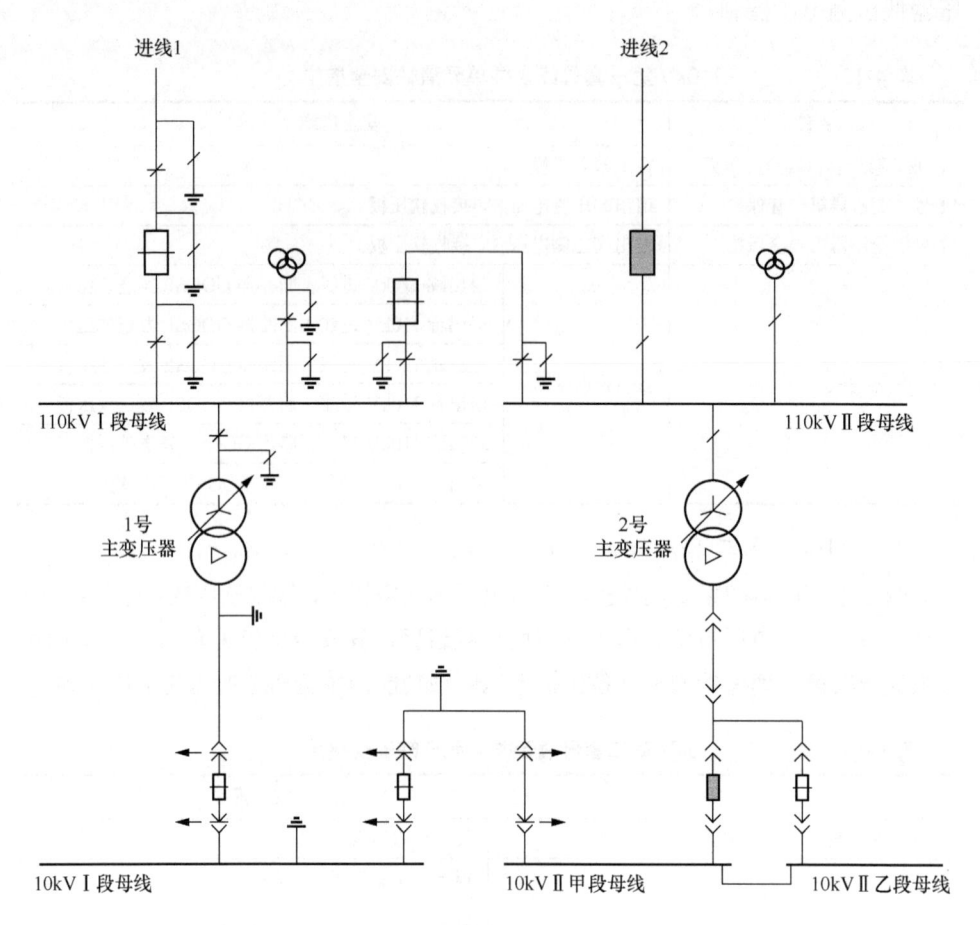

图 4-6　110kV 变电站半站轮停检修时的运行状态

表 4-15　　　　　　　2 号主变压器电气量保护安全措施

装置	安全措施	
	安全措施一	安全措施二
2 号主变压器第一套保护	退出 110kV 母分 SV 接收软压板	退出跳 110kV 母分断路器 GOOSE 发送软压板
		退出跳 10kV 母分断路器 GOOSE 发送软压板
		退出闭锁 110kV 备自投 GOOSE 发送软压板
		退出闭锁 10kV 母分备自投 GOOSE 发送软压板
2 号主变压器第二套保护	退出 110kV 母分 SV 接收软压板	退出跳 110kV 母分断路器 GOOSE 发送软压板
		退出跳 10kV 母分断路器 GOOSE 发送软压板
		退出闭锁 110kV 备自投 GOOSE 发送软压板
		退出闭锁 10kV 母分备自投 GOOSE 发送软压板

2. 2号主变压器非电量保护（本体智能终端）

为了防止 2 号主变压器非电量保护出口影响 110kV 母分断路器及 110kV 备自投，需取下相应的出口硬压板。

表 4-16　　2 号主变压器非电量保护（本体智能终端）安全措施

装置	安全措施
2 号主变压器非电量保护	取下跳 110kV 母分断路器硬压板
	取下闭锁 110kV 备自投硬压板

3. 110kV 备自投

110kV 备自投为检修设备，需投入装置检修硬压板，由于 110kV 进线 2 处于运行状态，因此必须退出 110kV 备自投中与进线 2 相关联的 GOOSE 发送软压板，并取下相应光纤。

表 4-17　　110kV 备自投安全措施

装置	安全措施		
	安全措施一	安全措施二	安全措施三
110kV 备自投	投入检修压板	退出跳 110kV 进线 1 断路器 GOOSE 发送软压板	取下备自投装置背板与 110kV 进线 2 第一套合智装置对应的 GOOSE、SV 光纤
		退出合 110kV 进线 1 断路器 GOOSE 发送软压板	
		退出跳 110kV 进线 2 断路器 GOOSE 发送软压板	
		退出合 110kV 进线 2 断路器 GOOSE 发送软压板	
		退出跳 110kV 母分断路器 GOOSE 发送软压板	
		退出合 110kV 母分断路器 GOOSE 发送软压板	

4. 10kV 母分备自投

10kV 母分备自投为检修设备，需投入装置检修硬压板，由于 2 号主变压器 10kV Ⅱ 甲断路器处于运行状态，因此必须退出 10kV 母分备自投中相关的 GOOSE 发送软压板，并取下相应光纤。

表 4-18　　10kV 母分备自投安全措施

装置	安全措施		
	安全措施一	安全措施二	安全措施三
10kV 母分备自投	投入检修压板	备自投改信号	退出跳 1 号主变压器 10kV 断路器 GOOSE 发送软压板	取下备自投装置背板与 2 号主变压器 10kV Ⅱ 甲第一套合智装置对应的 GOOSE、SV 光纤
			退出跳 2 号主变压器 10kV Ⅱ 甲断路器 GOOSE 发送软压板	
			退出合 10kV 母分断路器 GOOSE 发送软压板	

5. 其他智能装置

检修范围内的其他智能装置均应投入检修压板，具体安全措施见表 4-19。

表 4-19　　　　　　　　　其他智能装置安全措施

保护装置	合智装置
1 号主变压器第一套、第二套保护装置	110kV 进线 1 第一套、第二套合智装置
110kV 母分保测装置	110kV 母分第一套、第二套合智装置
10kV 母分保测装置	1 号主变压器 10kV 第一套、第二套合智装置
1 号主变压器本体智能终端（非电量保护）	1 号主变压器本体第一套、第二套合并单元

注：表中只列出保护及其相关装置，测控装置未列出。

6. 110kV 第一套母线合并单元安全措施

110kV 第一套母线合并单元位于 110kV 开关室的 110kV Ⅰ 段母线汇控柜内，在半站轮停的 Ⅰ 段母线和 1 号主变压器检修期间，该屏柜为检修区域屏柜。根据第三章虚回路信息流的介绍，110kV 第一套母线合并单元同时给 1 号主变压器的第一套保护和 2 号主变压器的第一套保护提供 110kV 母线电压，而此时 2 号主变压器的第一套保护处于正常运行状态，因此直接投入 110kV 第一套母线合并单元的检修硬压板将造成 2 号主变压器第一套保护检修状态不一致，出现高压侧 TV 断线的告警。

目前不同地区在实际检修工作中对此有两种不同的处理方式，以半站轮停的 Ⅰ 段母线和 1 号主变压器检修期间为例：①将 110kV 第一套母线合并单元作为运行设备，不纳入检修设备范围，因此其不能投入检修硬压板，安全措施为"禁投检修压板"；②将 110kV 第一套母线合并单元作为检修设备，其安全措施为投入检修硬压板，同时退出 2 号主变压器第一套保护中的高压侧电压 SV 接收软压板，以免该保护出现高压侧 TV 断线。

第五章　110kV 智能变电站二次回路竣工验收要点

现场竣工验收是工程建设单位完成继电保护等设备的安装调试后，相关部门根据现行的规程规范在变电站现场开展的全面检查验证工作。现场竣工验收阶段是设备投产前的最后一次把关，在该阶段中进行全面检查，发现问题并整改消缺，对提高设备投运质量和保障长期安全运行起着至关重要的作用。二次回路验收是变电站继电保护验收工作中的重要内容之一，目前现行的相关技术规程规范，如 GB/T 50976—2014《继电保护及二次回路安装及验收规范》《国家电网有限公司十八项电网重大反事故措施（2018 年修订版）》和 Q/GDW 11486—2022《继电保护及安全自动装置验收规范》等对二次回路的技术要求和安装工艺都作了详细的规定，相关内容本书不再赘述。

本章重点关注 110kV 智能变电站继电保护二次回路竣工验收过程中，以继电保护回路为主的二次回路在连接正确性检查中存在的难点和痛点，介绍现场具体的二次回路验证方法和合理的试验方案，全面发现二次回路错接、漏接问题，提高验收质量。

第一节　二次回路通流、通压试验

二次回路通流、通压试验旨在验证从电流互感器和电压互感器端子排开始的二次电缆接入合并单元或合智装置回路及各智能装置之间虚回路连接的正确性，能够同时发现二次电缆回路和虚回路存在的错接、漏接问题。

一、二次回路通流、通压试验方法

二次回路通流、通压试验方法是在电流互感器和电压互感器的二次绕组端子排处加模拟量，然后在各相关保护装置、备自投装置、故障录波器及网络分析仪处查看采样值是否正确。为便于检查区分，一般要求试验中各相所加的试验量在幅值和相位上有所差异，见表 5-1。加量过程中需注意应先将端子排外侧的电流二次端子和电压二次端子断开，防止误加试验量。

表 5-1　　　　　　　　二次回路通流、通压试验量

试验量	相别		
	A 相	B 相	C 相
电流	$0.2I_n\angle 0°$	$0.4I_n\angle 240°$	$0.6I_n\angle 120°$
电压	10V	20V	30V

注：I_n 为 TA 二次额定电流，5A。

需要说明的是，本节内容只针对保护电流回路和保护电压回路的检查，测量及计量等其他回路的检查原理一样，不在此列出。

二、二次回路通流试验

1. 110kV 进线电流互感器电流回路检查

在 110kV 进线电流互感器的保护绕组端子处加二次电流，在各相关联保护装置处查看对应显示值，显示正确的在表 5-2 的方框内打勾，其中 110kV 备自投需注意所加的电流与显示值之间应一一对应，防止电源 1 和电源 2 的电流回路交叉。如果该变电站配置有 110kV 线路保护，应同时查看线路保护装置内的电流值。

表 5-2　　　　　110kV 进线电流互感器保护绕组通流检查表

加量位置	相关联保护装置		
110kV 进线 1 TA 第一组保护绕组	1 号主变压器第一套保护□	110kV 备自投"电源 1" A 相□	110kV 进线 1 线路保护□
110kV 进线 1 TA 第二组保护绕组	1 号主变压器第二套保护□		
110kV 进线 2 TA 第一组保护绕组	2 号主变压器第一套保护□	110kV 备自投"电源 2" A 相□	110kV 进线 2 线路保护□
110kV 进线 2 TA 第二组保护绕组	2 号主变压器第二套保护□		

注：故障录波器、网络分析仪处均需同时检查对应量，本节检查表中均省略。

2. 110kV 母分电流互感器电流回路检查

在 110kV 母分电流互感器的保护绕组处加二次电流，在各相关保护装置处查看采样值，显示正确的在表 5-3 的方框内打勾。按照第二章第一节规定的母分电流正方向，1 号主变压器保护显示值应与所加的模拟量幅值相等、方向相反，2

第五章 110kV 智能变电站二次回路竣工验收要点

号主变压器保护显示值应与所加模拟量一致。

表 5-3　　110kV 母分电流互感器保护绕组通流检查表

加量位置	相关联保护装置		
110kV 母分 TA 第一组保护绕组	1 号主变压器第一套保护□	2 号主变压器第一套保护□	110kV 母分保护□
110kV 母分 TA 第二组保护绕组	1 号主变压器第二套保护□	2 号主变压器第二套保护□	

3. 主变压器 10kV 电流互感器电流回路检查

在各主变压器 10kV 电流互感器的保护绕组处加二次电流，在各相关保护装置处查看采样值，显示正确的在表 5-4 的方框内打勾。同样 10kV 母分备自投需注意所加的电流与显示值之间一一对应，防止电源 1 和电源 2 的电流回路交叉。

表 5-4　　主变压器 10kV 电流互感器保护绕组通流检查表

加量位置	相关联保护装置	
1 号主变压器 10kV TA 第一组保护绕组	1 号主变压器第一套保护□	10kV 母分备自投电源 1A 相□
1 号主变压器 10kV TA 第二组保护绕组	1 号主变压器第二套保护□	
2 号主变压器 10kV Ⅱ 甲 TA 第一组保护绕组	2 号主变压器第一套保护 1 分支□	10kV 母分备自投电源 2A 相□
2 号主变压器 10kV Ⅱ 甲 TA 第二组保护绕组	2 号主变压器第二套保护 1 分支□	
2 号主变压器 10kV Ⅱ 乙 TA 第一组保护绕组	2 号主变压器第一套保护 2 分支□	
2 号主变压器 10kV Ⅱ 乙 TA 第二组保护绕组	2 号主变压器第二套保护 2 分支□	

4. 主变压器本体电流互感器电流回路检查

在主变压器中性点零序电流互感器和间隙电流互感器的保护绕组端子处加二次电流，在主变压器保护装置处查看对应的值，显示正确的在表 5-5 的方框内打勾。

表 5-5　　110kV 主变压器本体电流互感器保护绕组通流检查表

加量位置	相关联保护装置	加量位置	相关联保护装置
1 号主变压器零序 TA 第一组绕组	1 号主变压器第一套保护□	2 号主变压器零序 TA 第一组绕组	2 号主变压器第一套保护□
1 号主变压器零序 TA 第二组绕组	1 号主变压器第二套保护□	2 号主变压器零序 TA 第二组绕组	2 号主变压器第二套保护□
1 号主变压器间隙 TA 第一组绕组	1 号主变压器第一套保护□	2 号主变压器间隙 TA 第一组绕组	2 号主变压器第一套保护□
1 号主变压器间隙 TA 第二组绕组	1 号主变压器第二套保护□	2 号主变压器间隙 TA 第二组绕组	2 号主变压器第二套保护□

三、二次回路通压试验

1. 110kV 母线电压回路检查

合上 110kV 电压互感器闸刀后，在 110kV 电压互感器的保护绕组端子处加二次电压，在各相关联保护装置处查看对应值，显示正确的在表 5-6 的方框内打勾。其中 110kV 备自投的母线电压最终来自电压互感器第一组保护绕组，需关注显示的母线电压应正确对应，防止Ⅰ母电压和Ⅱ母电压交叉。在施加试验电压时，应断开端子排电压互感器侧的电压二次端子，防止出现反送电的情况。

110kV 电压互感器保护绕组通压检查表见表 5-6。

表 5-6　　110kV 电压互感器保护绕组通压检查表

加量位置	相关联保护装置		
110kVⅠ母 TV 第一组保护绕组	1 号主变压器第一套保护□	110kV 备自投Ⅰ母□	110kV 进线 1 线路保护□
110kVⅠ母 TV 第二组保护绕组	1 号主变压器第二套保护□		
110kVⅡ母 TV 第一组保护绕组	2 号主变压器第一套保护□	110kV 备自投Ⅱ母□	110kV 进线 2 线路保护□
110kVⅡ母 TV 第二组保护绕组	2 号主变压器第二套保护□		

在二次回路通压过程中还应结合检查电压重动回路。拉开 110kVⅠ段母线 TV 闸刀后，相关保护装置中的Ⅰ母电压值均消失，再拉开 110kVⅡ段母线 TV 闸刀后，相关保护装置中的Ⅱ母电压值均消失，表明图 2-3 中的 TV 闸刀辅助接点正确。再次合上 TV 闸刀后，相关保护装置中的电压值均恢复，此时依次按相（由 A 相到 C 相）断开分相电压空气开关 1ZK 和 2ZK，相关保护装置中的电压按相别对应消失，表明各电压空气开关均对应正确。

2. 10kV 母线电压回路检查

将 10kV 母线电压互感器手车摇入工作位置，在 10kV 电压互感器的保护绕组端子处加二次电压，在各相关联保护装置处查看对应的量，其中 10kV 母分备自投的母线电压最终来自电压互感器第一组保护绕组，关注显示的母线电压应正确对应，防止Ⅰ母电压和Ⅱ母电压交叉。在施加试验电压时，应断开端子排电压互感器侧的电压二次端子，防止出现反送电的情况。

需要指出的是，由于 10kVⅡ甲母线和Ⅱ乙母线的两组电压回路都进行了短接，单独在Ⅱ甲 TV 保护绕组或Ⅱ乙 TV 保护绕组加试验量时，2 号主变压器保护装置内的Ⅱ甲和Ⅱ乙两个分支均应显示有相同的电压，以此也可以验证Ⅱ甲和Ⅱ乙分段母线二次电压短接是否正确无误。同样的，表 5-7 中，当在 10kVⅡ甲母线 TV 第一组保护绕组加试验量时，除了 10kV Ⅱ 甲母线段开关柜保护装置会显示电压值外，10kV Ⅱ 乙母线段开关柜保护装置也会同时有相应的显示。

表 5-7　　10kV 电压互感器保护绕组通压检查表

加量位置	相关联保护装置		
10kV Ⅰ 母 TV 第一组保护绕组	1 号主变压器第一套保护□	10kV 母分备自投 Ⅰ 母□	10kV Ⅰ 母各开关柜保护□
10kV Ⅰ 母 TV 第二组保护绕组	1 号主变压器第二套保护□		
10kV Ⅱ 甲母 TV 第一组保护绕组	2 号主变压器第一套保护□	10kV 母分备自投 Ⅱ 母□	10kV Ⅱ 母各开关柜保护□
10kV Ⅱ 甲母 TV 第二组保护绕组	2 号主变压器第二套保护□		
10kV Ⅱ 乙母 TV 第一组保护绕组	2 号主变压器第一套保护□		10kV Ⅱ 母各开关柜保护□
10kV Ⅱ 乙母 TV 第二组保护绕组	2 号主变压器第二套保护□		

在二次回路通压过程中应结合检查电压重动回路。将 10kV 母线 TV 手车摇至试验位置后，各相关保护装置内的相应母线段电压消失，表明图 2-4 中的 TV 手车工作位置辅助接点 S9 正确。再次将 TV 手车摇至工作位置后，相关保护装置中的电压值均恢复，此时依次按相（由 A 相到 C 相）断开分相电压空气开关 2ZK 和 3ZK，相关保护装置中的电压按相别对应消失，表明各电压空气开关均对应正确。

第二节　电压并列功能验收

在电压二次回路通压试验结果正确的基础上进行电压并列功能检查，重点验证电压并列与解列控制回路的正确性。

一、110kV 电压并列解列试验

二次回路通压试验已经验证了电压互感器接入 110kV 母线合并单元二次电缆回路和保护装置电压虚回路的正确性，因此在进行电压并列解列检查时，可以直接在 110kV 母线合并单元的端子排处加量，以方便同时模拟两段母线的电压。为便于区分，一般在 Ⅰ 母各相分别加 10V、20V、30V 电压，在 Ⅱ 母各相分别加 15V、25V、35V 电压。

1. 110kV 第一套母线合并单元检查

110kV 第一套母线合并单元接入的是两段母线电压互感器的第一组保护绕组，在检查时：步骤 1，将一次设备并列，即将 110kV 母分断路器与两侧闸刀均置于合位，然后将电压并列切换开关 QK 打至"正常"位置，查看相关保护装置的显示值，其中需特别关注 110kV 备自投两段母线电压是否对应；步骤 2，将 QK 打至"Ⅱ母退出取Ⅰ母"位置，此时相关保护装置应均显示Ⅰ母所加电压；步骤 3，保持 QK 位置不变，将一次系统分列，即将 110kV 母分断路器和两侧闸刀任一置于分位，此时各装置显示电压应恢复为各自母线电压。步骤 4 和步骤 5，检查 QK 处于"Ⅰ母退出取Ⅱ母"时的功能，试验方法与前两步一致。

110kV 第一套母线合并单元并列功能检查表见表 5-8。

表 5-8　　110kV 第一套母线合并单元并列功能检查表

步骤	一次设备状态	并列切换开关 QK 位置	相关联保护装置				
			1号主变压器第一套保护	2号主变压器第一套保护	110kV 备自投	110kV 进线1线路保护	110kV 进线2线路保护
1	一次并列	正常	Ⅰ母□	Ⅱ母□	Ⅰ母、Ⅱ母与所加的量对应□	Ⅰ母□	Ⅱ母□
2	一次并列	Ⅱ母退出取Ⅰ母	Ⅰ母□	Ⅰ母□	均显示Ⅰ母□	Ⅰ母□	Ⅰ母□
3	一次分列	Ⅱ母退出取Ⅰ母	Ⅰ母□	Ⅱ母□	Ⅰ母、Ⅱ母与所加的量对应□	Ⅰ母□	Ⅱ母□
4	一次并列	Ⅰ母退出取Ⅱ母	Ⅱ母□	Ⅱ母□	均显示Ⅱ母□	Ⅱ母□	Ⅱ母□
5	一次分列	Ⅰ母退出取Ⅱ母	Ⅰ母□	Ⅱ母□	Ⅰ母、Ⅱ母与所加的量对应□	Ⅰ母□	Ⅱ母□

2. 110kV 第二套母线合并单元检查

110kV 第二套母线合并单元接入的是 110kV 电压互感器的第二组保护绕组，其并列功能检查过程与第一套母线合并单元一致。

110kV 第二套母线合并单元并列功能检查表见表 5-9。

表 5-9　　110kV 第二套母线合并单元并列功能检查表

步骤	一次设备状态	并列切换开关 QK 位置	相关联保护装置	
			1号主变压器第二套保护	2号主变压器第二套保护
1	一次并列	正常	Ⅰ母□	Ⅱ母□
2	一次并列	Ⅱ母退出取Ⅰ母	Ⅰ母□	Ⅰ母□
3	一次分列	Ⅱ母退出取Ⅰ母	Ⅰ母□	Ⅱ母□
4	一次并列	Ⅰ母退出取Ⅱ母	Ⅱ母□	Ⅱ母□
5	一次分列	Ⅰ母退出取Ⅱ母	Ⅰ母□	Ⅱ母□

二、10kV 电压并列解列检查

根据第二章第三节的介绍，10kV 母线电压并列是电压母线的物理并列，因此不能采用在两段电压母线上同时加试验量后进行并列解列的试验方法，应采用只在一段电压母线加试验量，然后向另一段空母线并列的方式，相关检查过程按表 5-10 和表 5-11 进行。

1. 10kV 第一组保护电压并列回路

检查时先将试验电压加在 10kV Ⅰ 母电压互感器的第一组保护绕组，模拟从 10kV Ⅰ 母向 10kV Ⅱ 母并列的过程。首先保持一次设备并列，即将 10kV 母分断路器手车与 10kV 母分隔离手车均置于工作位置，合上 10kV 母分断路器，把电压并列切换开关 QK 打至"解列"位置，查看相关保护装置的显示值，其中 10kV 母分备自投Ⅰ母电压应显示为所加试验量，Ⅱ母电压应显示为 0，10kV Ⅰ 段各开关柜保护装置电压显示正确，Ⅱ段母线各开关柜保护电压应显示为 0。第二步将 QK 打至"并列"位置，此时相关保护装置应均显示Ⅰ母电压。第三步保持 QK 位置不变，将一次系统分列，即将 10kV 母分断路器断开，或者将 10kV 母分断路器手车与 10kV 母分隔离手车任一置于试验位置，此时各保护装置显示电压将恢复为初始状态。

上述试验结果正确后，再次将试验电压加在Ⅱ母（Ⅱ甲段母线或Ⅱ乙段母线均可）第一组保护电压，进行试验步骤 4~6，完成从Ⅱ母向Ⅰ母并列的检查过程。

表 5-10　　　　　10kV 第一组保护电压并列结果检查表

步骤	一次设备状态	加量母线	并列切换开关 QK 位置	1号主变压器第一套保护	2号主变压器第一套保护	10kV 母分备自投	各 10kV 开关柜保护
1	一次并列	Ⅰ母	解列	Ⅰ母□	0□	Ⅰ母正确、Ⅱ母0□	Ⅰ段正确、Ⅱ段0□
2	一次并列	Ⅰ母	并列	Ⅰ母□	Ⅰ母□	均显示Ⅰ母□	均显示Ⅰ母□
3	一次分列	Ⅰ母	并列	Ⅰ母□	0□	Ⅰ母正确、Ⅱ母0□	Ⅰ段正确、Ⅱ段0□
4	一次并列	Ⅱ母	解列	0□	Ⅱ母□	Ⅰ母 0、Ⅱ母正确□	Ⅰ段 0、Ⅱ段正确□
5	一次并列	Ⅱ母	并列	Ⅱ母□	Ⅱ母□	均显示Ⅱ母□	均显示Ⅱ母□
6	一次分列	Ⅱ母	并列	0□	Ⅱ母□	Ⅰ母 0、Ⅱ母正确□	Ⅰ段 0、Ⅱ段正确□

2. 10kV 第二组保护电压并列回路

10kV 电压互感器第二组保护绕组只接入主变压器 10kV 第二套合智装置后，发送给主变压器第二套保护，并列检查过程与第一组保护电压一致。

10kV 第二组保护电压并列结果检查表见表 5-11。

表 5-11　　　　10kV 第二组保护电压并列结果检查表

步骤	一次设备状态	加量母线	并列切换开关 QK 位置	相关联保护装置 1 号主变压器第二套保护	相关联保护装置 2 号主变压器第二套保护
1	一次并列	Ⅰ母	解列	Ⅰ母□	0□
2	一次并列	Ⅰ母	并列	Ⅰ母□	Ⅰ母□
3	一次分列	Ⅰ母	并列	Ⅰ母□	0□
4	一次并列	Ⅱ母	解列	0□	Ⅱ母□
5	一次并列	Ⅱ母	并列	Ⅱ母□	Ⅱ母□
6	一次分列	Ⅱ母	并列	0□	Ⅱ母□

第三节　继电保护二次回路验收

在继电保护装置、备自投装置单体功能试验结果正确的基础上，进行开入、开出二次回路验证，重点验证各保护装置和备自投装置的出口回路，旨在确保装置出口回路的完整性和唯一性，验证装置出口回路与 GOOSE 发送软压板、合智装置保护跳合闸硬压板的一一对应关系，确保出口回路无寄生、无误接、无漏接。

一、主变压器电气量保护出口回路验证

本地区 110kV 主变压器电气量保护动作后跳开各侧断路器，并闭锁相关备自投。其中，主变压器低后备保护Ⅰ段动作后，所有出口均会动作，因此验收中可以选取主变压器低后备保护Ⅰ段来验证各出口回路的正确性。

1. 跳各断路器回路验证

以 2 号主变压器第一套保护为例，说明跳各断路器回路的传动试验过程。在主变压器保护装置处加试验量，保持低后备保护Ⅰ段动作，通过操作相关的 GOOSE 发送软压板及合智装置保护跳闸硬压板来验证跳闸回路的完整性和唯一性。具体试验方案如下：①退出主变压器保护装置内跳 110kV 进线 2 断路器的 GOOSE 发送软压板，投入 110kV 进线 2 第一套合智装置的保护跳闸硬压板，此

时合智装置的"保护跳闸"灯应不亮，断路器不动作；②退出保护跳闸硬压板，投入 GOOSE 发送软压板，合智装置的"保护跳闸"灯应点亮，但断路器不动作；③投入保护跳闸硬压板，断路器应正确跳闸。

主变压器保护跳其他断路器回路的试验验证方式与上述过程一致，需要指出的是，虽然主变压器保护跳 10kV 母分断路器是通过 10kV 母分保测装置而不是合智装置实现的，但其验证方式与上述回路完全一致，结果正确的在表 5-12 的方框中打勾。

表 5-12　　2 号主变压器第一套保护跳闸回路检查表

验证回路	GOOSE 发送软压板	合智装置现象	合智装置保护跳闸硬压板	断路器动作情况
跳 110kV 进线 2 断路器	退出	"保护跳闸"灯不亮□	投入	不动作□
	投入	"保护跳闸"灯亮□	退出	不动作□
			投入	跳闸□
跳 110kV 母分断路器	退出	"保护跳闸"灯不亮□	投入	不动作□
	投入	"保护跳闸"灯亮□	退出	不动作□
			投入	跳闸□
跳 2 号主变压器 10kV Ⅱ 甲断路器	退出	"保护跳闸"灯不亮□	投入	不动作□
	投入	"保护跳闸"灯亮□	退出	不动作□
			投入	跳闸□
跳 2 号主变压器 10kV Ⅱ 乙断路器	退出	"保护跳闸"灯不亮□	投入	不动作□
	投入	"保护跳闸"灯亮□	退出	不动作□
			投入	跳闸□
跳 10kV 母分断路器	退出	保护跳闸灯不亮□	投入	不动作□
	投入	保护跳闸灯亮□	退出	不动作□
			投入	跳闸□

2. 闭锁备自投回路验证

首先退出主变压器保护装置内闭锁高压侧备自投的 GOOSE 发送软压板，保持主变压器低后备保护Ⅰ段持续动作，此时查看 110kV 备自投装置内应没有开入量变位，下一步投入上述 GOOSE 发送软压板，此时备自投装置内对应的开入量应发生变位。试验过程中需注意主变压器保护与备自投开入量一一对应，如 1 号主变压器第一套保护试验时，备自投装置内应为"1 号主变压器保护动作 1"的开入点显示变位，结果正确的在表 5-13 的方框中打勾。

表 5-13　主变压器保护闭锁 110kV 备自投回路检查表

保护装置	验证回路	GOOSE 发送软压板	110kV 备自投开入情况
1 号主变压器第一套保护	闭锁高压侧备自投	退出	无开入变位□
		投入	"1 号主变压器保护动作 1"变位□
1 号主变压器第二套保护	闭锁高压侧备自投	退出	无开入变位□
		投入	"1 号主变压器保护动作 2"变位□
2 号主变压器第一套保护	闭锁高压侧备自投	退出	无开入变位□
		投入	"2 号主变压器保护动作 1"变位□
2 号主变压器第二套保护	闭锁高压侧备自投	退出	无开入变位□
		投入	"2 号主变压器保护动作 2"变位□

同样的方式验证主变压器保护闭锁 10kV 母分备自投回路，结果正确的在表 5-14 方框内打勾。

表 5-14　主变压器保护闭锁 10kV 母分备自投回路检查表

保护装置	验证回路	GOOSE 发送软压板	10kV 母分备自投开入情况
1 号主变压器第一套保护	闭锁低压 1 分支备自投	退出	无开入变位□
		投入	"备自投总闭锁 1"变位□
1 号主变压器第二套保护	闭锁低压 1 分支备自投	退出	无开入变位□
		投入	"备自投总闭锁 2"变位□
2 号主变压器第一套保护	闭锁低压 1 分支备自投	退出	无开入变位□
		投入	"备自投总闭锁 3"变位□
2 号主变压器第二套保护	闭锁低压 1 分支备自投	退出	无开入变位□
		投入	"备自投总闭锁 4"变位□

二、主变压器非电量保护出口回路验证

本地区 110kV 主变压器非电量保护动作后通过传统二次电缆跳开主变压器各侧断路器，并闭锁 110kV 备自投。

1. 跳各断路器回路验证

以 2 号主变压器非电量保护为例，说明跳各断路器回路的传动试验过程。首先退出非电量保护各出口硬压板，通过主变压器瓦斯继电器测试按钮模拟主变压器本体重瓦斯保护动作，此时各断路器应均不跳闸，接着只投入非电量保护跳 110kV 进线 2 断路器的跳闸硬压板，此时进线 2 第一套合智装置的"非电量直跳"灯应点亮，进线 2 断路器正确跳闸。完成上述步骤后，退出非电量保护跳 110kV 进线 2 的跳闸硬压板，以同样的方式验证其他跳闸回路，结果正确的在表 5-15 的方框内打勾。

表 5-15　　2 号主变压器非电量保护跳闸回路检查表

验证回路	出口硬压板	第一套合智装置现象	断路器动作情况
跳 110kV 进线 2 断路器	退出	"非电量直跳"灯不亮□	不动作□
	投入	"非电量直跳"亮□	跳闸□
跳 110kV 母分断路器	退出	"非电量直跳"灯不亮□	不动作□
	投入	"非电量直跳"亮□	跳闸□
跳 2 号主变压器 10kV Ⅱ 甲断路器	退出	"非电量直跳"灯不亮□	不动作□
	投入	"非电量直跳"亮□	跳闸□
跳 2 号主变压器 10kV Ⅱ 乙断路器	退出	"非电量直跳"灯不亮□	不动作□
	投入	"非电量直跳"亮□	跳闸□

2. 闭锁 110kV 备自投回路验证

退出主变压器非电量保护各出口硬压板，同样模拟主变压器本体重瓦斯保护动作，此时查看 110kV 备自投装置内应没有开入量变位，下一步投入闭锁 110kV 备自投硬压板，此时备自投装置开入量应有相应变位。试验过程中需注意主变压器非电量保护与备自投显示的开入量一一对应，防止出现开入量交叉，结果正确的在表 5-16 的方框内打勾。

表 5-16　　主变压器非电量保护闭锁 110kV 备自投回路检查表

保护装置	验证回路	出口硬压板	110kV 备自投开入情况
1 号主变压器非电量保护	闭锁高压侧备自投	退出	无开入变位□
		投入	"1 号主变压器保护动作 3"变位□
2 号主变压器非电量保护	闭锁高压侧备自投	退出	无开入变位□
		投入	"2 号主变压器保护动作 3"变位□

三、110kV 备自投回路验证

1. 开入回路验证

备自投开入回路包括主变压器电气量保护和非电量保护的闭锁回路、断路器位置和手跳信号（STJ）接入回路，其中主变压器保护闭锁回路已经在主变压器保护出口回路试验中完成了验证，此处可只验证断路器位置和手跳信号（STJ）的接入回路。具体验证方法如下：在相应断路器测控装置处对断路器进行手分、手合或在监控后台机进行遥分、遥合操作，同时在备自投装置中查看该断路器位置和备自投总闭锁开入是否发生对应变位，结果正确的在表 5-17 的方框内打勾。

表 5-17　　　　　　110kV 备自投开入回路检查表

断路器 备自投装置开入显示	110kV 进线 1 断路器		110kV 进线 2 断路器		110kV 母分断路器	
	电源 1 跳位	备自投总闭锁 1	电源 2 跳位	备自投总闭锁 2	分断跳位	备自投总闭锁 3
手分（遥分）断路器	1□	1□	1□	1□	1□	1□
手合（遥合）断路器	0□	0□	0□	0□	0□	0□

2. 开出回路验证

110kV 备自投作为综合备自投存在 4 种基本运行方式，对这 4 种基本方式进行试验传动，可验证备自投与 110kV 进线 1 断路器和进线 2 断路器之间的跳闸、合闸回路，以及与 110kV 母分断路器之间的合闸回路；通过模拟 110kV 母分断路器偷跳试验，可以验证备自投跳 110kV 母分断路器的回路，合计共 6 个出口回路。

（1）基本备自投方式验证 5 个出口回路。以 110kV 备自投方式一为例，说明备自投出口回路验证过程。

1）验证备自投跳闸回路，首先退出备自投装置内跳 110kV 进线 1 断路器的 GOOSE 发送软压板，投入进线 1 第一套合智装置保护跳闸硬压板，在备自投充电完成后进行传动，此时备自投装置"跳闸"灯亮，进线 1 合智装置的"保护跳闸"灯应不亮，进线 1 断路器不动作；接着退出保护跳闸硬压板，投入上述 GOOSE 发送软压板后再次试验，进线 1 合智装置的"保护跳闸"灯应点亮，但断路器不动作；最后投入保护跳闸硬压板，断路器应正确跳闸。

2）验证备自投合闸回路，备自投装置内跳 110kV 进线 1 断路器的 GOOSE 发送软压板和 110kV 进线 1 第一套合智装置跳闸硬压板均保持投入，退出合 110kV 进线 2 的 GOOSE 发送软压板，投入 110kV 进线 2 第一套合智装置保护合闸硬压板，再次模拟备自投方式一动作过程，此时进线 1 断路器正确跳闸，进线 2 合智装置的"保护合闸"灯不亮，进线 2 断路器不动作；接着退出保护合闸硬压板，投入上述 GOOSE 发送软压板后再次试验，进线 1 断路器跳闸后，进线 2 合智装置的"保护合闸"灯应点亮，但断路器不动作；最后投入保护合闸硬压板，进线 2 断路器应正确合闸，完成完整的备自投方式一动作过程，对应现象正确的在表 5-18 的方框内打勾。

表 5-18　　　　　　110kV 备自投出口回路检查表

验证回路	GOOSE 发送软压板	合智装置现象	相应合智装置硬压板	相应断路器动作情况
跳 110kV 进线 1 断路器	跳电源 1 软压板退出	"保护跳闸"灯不亮□	保护跳闸硬压板投入	不动作□
	跳电源 1 软压板投入	"保护跳闸"灯亮□	保护跳闸硬压板退出	不动作□
			保护跳闸硬压板投入	跳闸□

续表

验证回路	GOOSE 发送软压板	合智装置现象	相应合智装置硬压板	相应断路器动作情况
合 110kV 进线 2 断路器	合电源 2 软压板退出	"保护合闸"灯不亮□	保护合闸硬压板投入	不动作□
	合电源 2 软压板投入	"保护合闸"灯亮□	保护合闸硬压板退出	不动作□
			保护合闸硬压板投入	合闸□
跳 110kV 进线 2 断路器	跳电源 2 软压板退出	"保护跳闸"灯不亮□	保护跳闸硬压板投入	不动作□
	跳电源 2 软压板投入	"保护跳闸"灯亮□	保护跳闸硬压板退出	不动作□
			保护跳闸硬压板投入	跳闸□
合 110kV 进线 1 断路器	合电源 1 软压板退出	"保护合闸"灯不亮□	保护合闸硬压板投入	不动作□
	合电源 1 软压板投入	"保护合闸"灯亮□	保护合闸硬压板退出	不动作□
			保护合闸硬压板投入	合闸□
合 110kV 母分断路器	合分段软压板退出	"保护合闸"灯不亮□	保护合闸硬压板投入	不动作□
	合分段软压板投入	"保护合闸"灯亮□	保护合闸硬压板退出	不动作□
			保护合闸硬压板投入	合闸□
跳 110kV 母分断路器	跳分段软压板退出	"保护跳闸"灯不亮□	保护跳闸硬压板投入	不动作□
	跳分段软压板投入	"保护跳闸"灯亮□	保护跳闸硬压板退出	不动作□
			保护跳闸硬压板投入	跳闸□

从备自投方式一的试验过程可以看出，该试验验证了备自投跳进线 1 断路器与合进线 2 断路器的出口回路，同理通过备自投方式二可以验证备自投跳进线 2 断路器与合进线 1 断路器的出口回路，通过备自投方式三、四可以验证合 110kV 母分断路器的出口回路，共计 5 个回路。

（2）模拟偷跳验证跳母分断路器回路。采用模拟 110kV 母分断路器偷跳的方式来验证备自投跳 110kV 母分断路器回路。首先退出跳 110kV 母分断路器 GOOSE 发送软压板，投入母分断路器第一套合智装置的保护跳闸硬压板。备自投以方式一充电后，将智能测试仪送出的母分断路器位置由初始的合位切换为分位，同时退出测试仪中的 110kV Ⅱ 母电压，以模拟 110kV 母分断路器偷跳（断路器实际仍为合位），此时备自投装置"跳闸"灯亮，合智装置的"保护跳闸"灯不亮，断路器不动作；退出保护跳闸硬压板，投入 GOOSE 发送软压板后再次试验，合智装置的"保护跳闸"应点亮，但断路器不动作；最后投入保护跳闸硬压板，此时母分断路器应正确跳闸，表明备自投跳母分断路器的整个回路正确。

四、10kV 母分备自投回路验证

1. 开入回路验证

10kV 母分备自投开入回路包括主变压器电气量保护闭锁回路、断路器位置和手跳信号（STJ）接入回路，其中主变压器保护闭锁回路已经在主变压器保护出口回路中完成了验证，此处可只验证断路器位置和手跳信号的接入回路。具体验证方法为：在相应断路器测控装置处对断路器进行手分、手合或在监控后台机进行遥分、遥合操作，同时在备自投装置中查看该断路器位置和备自投总闭锁开入是否发生对应变位，结果正确在表 5-19 的方框内打勾。

表 5-19　　　　10kV 母分备自投开入回路检查表

断路器	1 号主变压器 10kV 断路器		2 号主变压器 10kV Ⅱ 甲断路器		10kV 母分断路器
备自投装置开入显示	电源 1 跳位	备自投总闭锁 5	电源 2 跳位	备自投总闭锁 6	分段跳位
手分（遥分）断路器	1□	1□	1□	1□	1□
手合（遥合）断路器	0□	0□	0□	0□	0□

2. 开出回路验证

由于 10kV 备自投只投入方式三和方式四的母分备自投方式，因此只需验证跳 1 号主变压器 10kV 断路器、跳 2 号主变压器 10kV Ⅱ 甲断路器及合 10kV 母分断路器的回路。

以 10kV 备自投方式三为例，说明备自投出口回路验证过程。

（1）验证备自投跳闸回路，首先退出跳 1 号主变压器 10kV 断路器的 GOOSE 发送软压板，投入 1 号主变压器 10kV 第一套合智装置跳闸硬压板，在备自投充完电后进行传动，此时备自投装置"跳闸"灯亮，合智装置的"保护跳闸"灯应不亮，1 号主变压器 10kV 断路器不动作；接着退出跳闸硬压板，投入跳 1 号主变压器 10kV 断路器的 GOOSE 发送软压板后再次试验，1 号主变压器 10kV 合智装置的"保护跳闸"灯应点亮，但断路器不动作；最后投入跳闸硬压板，断路器应正确跳闸。

（2）验证备自投的合母分断路器回路，备自投装置内跳 1 号主变压器 10kV 断路器的 GOOSE 发送软压板和 1 号主变压器 10kV 第一套合智装置跳闸硬压板均保持投入，退出合分段断路器 GOOSE 发送软压板，投入 10kV 母分保护装置合闸硬压板，再次模拟备自投方式三动作过程，此时 1 号主变压器 10kV 断路器正确跳闸，10kV 母分保护装置的"保护合闸"灯不亮，10kV 母分断路器不动作；接着退出合闸硬压板，投入合分段 GOOSE 发送软压板后再次试验，1 号主变压器 10kV 断路器跳闸后，10kV 母分保护装置的"保护合闸"灯应点亮，但断路器不动作；最后投入合闸硬压板，10kV 母分断路器应正确合闸，完成完整的方式三动作过程。

同理通过备自投方式四可以验证备自投跳 2 号主变压器 10kV Ⅱ 甲断路器回路，对应现象正确的在表 5-20 的方框内打勾。

表 5-20　　　　　　　　10kV 备自投出口回路检查表

验证回路	GOOSE 发送软压板	合智装置/10kV 母分保护现象	相应合智装置/10kV 母分保护硬压板	相应断路器动作情况
跳 1 号主变压器 10kV 断路器	跳电源 1 软压板退出	"保护跳闸"灯不亮□	保护跳闸硬压板投入	不动作□
	跳电源 1 软压板投入	"保护跳闸"灯亮□	保护跳闸硬压板退出	不动作□
			保护跳闸硬压板投入	跳闸□
跳 2 号主变压器 10kV Ⅱ 甲断路器	跳电源 2 软压板退出	"保护跳闸"灯不亮□	保护跳闸硬压板投入	不动作□
	跳电源 2 软压板投入	"保护跳闸"灯亮□	保护跳闸硬压板退出	不动作□
			保护跳闸硬压板投入	跳闸□
合 10kV 母分断路器	合分段软压板退出	"保护合闸"灯不亮□	保护合闸硬压板投入	不动作□
	合分段软压板投入	"保护合闸"灯亮□	保护合闸硬压板退出	不动作□
			保护合闸硬压板投入	合闸□

五、110kV 母分保护出口回路验证

110kV 母分保护共有三个跳闸出口回路，分别为跳 110kV 进线 1 断路器、110kV 进线 2 断路器和 110kV 母分断路器的回路，具体验证方法如下：首先退出跳 110kV 进线 1 断路器的 GOOSE 发送软压板，投入 110kV 进线 1 第一套合智装置的保护跳闸硬压板，加试验量保持母分保护持续动作，此时合智装置的"保护跳闸"灯应不亮，断路器不动作；接着退出保护跳闸硬压板，投入 GOOSE 发送软压板，合智装置的"保护跳闸"灯应点亮，但断路器不动作；最后投入保护跳闸硬压板，断路器应正确跳闸。以同样的方式完成其他两个跳闸回路的验证，对应现象正确的在表 5-21 的方框内打勾。

表 5-21　　　　　　　　110kV 母分保护跳闸回路检查表

验证回路	GOOSE 发送软压板	合智装置现象	合智装置保护跳闸硬压板	断路器动作情况
跳 110kV 进线 1 断路器	退出	"保护跳闸"灯不亮□	投入	不动作□
	投入	"保护跳闸"灯亮□	退出	不动作□
			投入	跳闸□
跳 110kV 进线 2 断路器	退出	"保护跳闸"灯不亮□	投入	不动作□
	投入	"保护跳闸"灯亮□	退出	不动作□
			投入	跳闸□

续表

验证回路	GOOSE 发送软压板	合智装置现象	合智装置保护跳闸硬压板	断路器动作情况
跳 110kV 母分断路器	退出	"保护跳闸"灯不亮□	投入	不动作□
	投入	"保护跳闸"灯亮□	退出	不动作□
			投入	跳闸□

六、110kV 线路保护回路验证

1. 开入回路验证

根据第三章第四节 110kV 线路保护信息流（表 3-15），110kV 进线第一套合智装置上送多个开入量给线路保护，其中断路器位置、合后位置、HWJ 和 TWJ 可以通过在手合、手分进线断路器时查看开入量是否出现对应变化来验证，结果正确的在表 5-22 的方框内打勾。

表 5-22　　　　　110kV 线路保护开入量检查表

操作断路器	断路器位置	合后位置	HWJ	TWJ
手分（遥分）	0	0	0	1
手合（遥合）	1	1	1	0

弹簧未储能闭重回路可以通过对断路器进行实际储能和释能来验证，当进线断路器的合闸弹簧储能释放后，线路保护装置内的"弹簧未储能闭重"应显示为 1，储能完成后变位为 0。控制回路断线闭重回路可以通过分合进线断路器的控制电源空气开关验证，控制电源空气开关断开后，线路保护装置内的"控制回路断线闭重"应显示为 1，合上空气开关后变位为 0。

闭锁重合闸回路是一个"转接"回路，进线断路器分合操作、主变压器保护、110kV 母分保护与备自投出口跳进线断路器时，均由第一套合智装置生成"闭锁重合闸"信号转发给线路保护。因此，可以结合断路器分合操作，以及主变压器保护与 110kV 备自投出口回路传动该进线断路器时验证，如 110kV 备自投跳开进线 1 断路器时，在进线 1 的线路保护装置处查看"闭锁重合闸"开入信号是否发生对应变化，正确的在表 5-23 的方框内打勾。

表 5-23　　　　110kV 线路保护"闭锁重合闸"开入检查表

保护装置	"闭锁重合闸"信号生成情况	
110kV 进线 1 线路保护	1 号主变压器第一套保护□	110kV 备自投□
	1 号主变压器第二套保护□	手分（遥分）、手合（遥合）□
	1 号主变压器非电量保护□	110kV 母分保护□

续表

保护装置	"闭锁重合闸"信号生成情况	
110kV 进线 2 线路保护	2 号主变压器第一套保护□	110kV 备自投□
	2 号主变压器第二套保护□	手分（遥分）、手合（遥合）□
	2 号主变压器非电量保护□	110kV 母分保护□

2. 跳合断路器出口回路验证

以 110kV 进线 1 线路保护为例进行验证：

（1）验证跳闸回路：首先退出 110kV 进线 1 线路保护装置内的保护跳闸 GOOSE 发送软压板，投入 110kV 进线 1 第一套合智装置的保护跳闸硬压板，加试验量保持线路保护持续动作，此时合智装置的"保护跳闸"灯应不亮，断路器不动作；接着退出保护跳闸硬压板，投入 GOOSE 发送软压板，合智装置的"保护跳闸"灯应点亮，但断路器不动作；最后投入保护跳闸硬压板，断路器应正确跳闸。

（2）验证合闸回路，保持保护装置内的保护跳闸 GOOSE 发送软压板和进线第一套合智装置跳闸硬压板投入，退出重合闸 GOOSE 发送软压板，投入合智装置保护合闸硬压板，在线路保护重合闸充完电后模拟线路发生瞬时性故障，此时合智装置的"保护跳闸"灯应点亮而"保护合闸"灯不亮，断路器跳开不重合；接着退出保护合闸硬压板，投入重合闸 GOOSE 发送软压板，再次模拟上述试验，合智装置的"保护跳闸""保护合闸"灯应均点亮，但断路器跳闸后不重合；最后投入保护合闸硬压板，断路器应跳闸后重合成功，对应现象正确的在表 5-24 的方框内打勾。

表 5-24　　　　　　110kV 线路保护出口回路检查表

验证回路	GOOSE 发送软压板	合智装置现象	合智装置硬压板	断路器动作情况
跳 110kV 进线断路器	保护跳闸软压板退出	"保护跳闸"灯不亮□	保护跳闸硬压板投入	不动作□
	保护跳闸软压板投入	"保护跳闸"灯亮□	保护跳闸硬压板退出	不动作□
			保护跳闸硬压板投入	跳闸□
合 110kV 进线断路器	保护重合闸软压板退出	"保护合闸"灯不亮□	保护合闸硬压板投入	不动作□
	保护重合闸软压板投入	"保护合闸"灯亮□	保护合闸硬压板退出	不动作□
			保护合闸硬压板投入	合闸□

第四节　其他保护相关回路验收

继电保护装置功能的正确实现除了依赖电压电流采样回路、开入、开出等主要回路外，还受其他辅助回路的影响。本节主要介绍智能变电站二次回路竣工验收中特有的继电保护"直采直跳"功能验证、保护直流电源回路核查及监控后台机 GOOSE、SV 光纤通信链路图的核对方式。

一、保护"直采直跳"回路验证

Q/GDW 441—2010《智能变电站继电保护技术规范》等相关的规程规范均要求智能变电站继电保护回路采用直采直跳的模式，即智能设备间不经过交换机，而以点对点连接方式直接进行采样值和跳合闸信号的传输。在智能变电站中，继电保护装置、断路器合智装置等各智能设备均接入过程层交换机，存在经过程层交换机构成"网采网跳"回路的隐患。因此在竣工验收阶段必须验证保护功能回路是否只存在直采直跳回路，不存在网采网跳回路。

1. 直采回路验证

直采回路的验证方式是在进行二次回路通流、通压检查过程中，当保护装置显示对应的采样值后，取下保护装置背板对应的直连光纤，如在 110kV 进线 1 电流互感器第一组保护绕组加试验量后，1 号主变压器第一套保护应显示对应的高压侧电流，此时取下 1 号主变压器第一套保护装置背板上来自 110kV 进线 1 第一套合智装置的直连光纤，保护装置内显示的高压侧电流应消失，表明 110kV 进线 1 第一套合智装置与 1 号主变压器第一套保护之间不存在网采回路，以同样的方法可以验证各保护装置是否存在不应有的网采回路。

2. 直跳回路验证

直跳回路的验证方式是在保护装置二次回路出口试验完成后，断开合智装置侧的保护直连光纤，模拟对应保护动作，此时断路器应不动作。如在验证 1 号主变压器第一套保护跳 110kV 进线 1 断路器的回路正确后，取下 110kV 进线 1 第一套合智装置背板来自 1 号主变压器第一套保护的直连光纤，再次模拟该主变压器保护动作，此时进线 1 断路器不动作，表明两者之间不存在网跳回路，以同样的方法可以验证各保护装置是否存在不应有的网跳回路。

二、保护直流电源回路验证

1. 保护直流电源设置方式

110kV 变电站保护用直流电源采用辐射状供电方式，其基本配置原则为：保护装置与对应的相关装置（合并单元、智能终端、合智装置和跳闸线圈等）电源应取自同一段直流母线，两套保护应取自不同段的直流母线。具体来说：

（1）主变压器第一套保护及相应的 110kV 进线和母分第一套合智装置从直流Ⅰ段母线引接；主变压器第二套保护及相应的 110kV 进线和母分第二套合智装置从直流Ⅱ段母线引接。

（2）单套配置的备自投和非电量保护从直流Ⅰ段母线引接。

（3）各 110kV 断路器的控制电源从直流Ⅰ段母线引接。

（4）10kV 开关柜柜顶设置一组直流小母线，开关柜保护装置由柜顶直流小母线供电，直流Ⅰ段母线供给开关柜Ⅰ段母线，直流Ⅱ段母线供给开关柜Ⅱ段母线。部分变电站设计中考虑到 3 号主变压器扩建的远景规划，采取直流Ⅰ段母线供给开关柜Ⅰ段和Ⅱ甲段母线，直流Ⅱ段母线供给开关柜Ⅱ乙段母线的方式。

（5）主变压器 10kV 开关柜直流电源从直流电源屏直接引接，主变压器 10kV 第一套合智装置电源从直流Ⅰ段母线引接，主变压器 10kV 第二套合智装置电源从直流Ⅱ段母线引接。

2. 保护直流电源回路核查方式

为核实直流电源回路连接是否正确，防止出现直流电源回路交叉，在一段直流母线失电后导致两套保护功能均受到影响，因此在完成各保护回路验证后，必须进行直流电源回路检查。具体的核查过程可以分为以下几个步骤：

（1）拉开直流馈线屏上的直流Ⅰ段母线总空气开关，模拟直流系统Ⅰ母失电。

（2）查看主变压器第一套保护、备自投装置、各第一套合智装置等设备均失电，主变压器第二套保护、各第二套合智装置均正常运行。

（3）在主变压器第二套保护加试验量模拟保护动作，此时各相关断路器第二套合智装置的"保护跳闸"灯均应点亮，但断路器不动作。

（4）合上直流Ⅰ段母线总空气开关，拉开直流Ⅱ段母线总空气开关，模拟Ⅱ母失电。

（5）观察主变压器第一套保护、备自投装置、各第一套合智装置等设备均正常运行，主变压器第二套保护、各第二套合智装置均失电。

（6）在主变压器第一套保护加试验量模拟保护动作，各断路器应正确动作跳闸，进一步模拟备自投装置、主变压器非电量保护等其他保护动作，各断路器也应正确动作跳闸。

三、监控后台机 GOOSE、SV 通信链路图验证

第三章图 3-1 和图 3-2 的监控后台机光纤链路图是出现光纤链路中断故障后

正确快速查找故障点的重要依据，因此在验收阶段必须充分验证 GOOSE 和 SV 通信链路图的正确性，保证实际光纤回路连接正确、后台告警点位设置正确。

具体核查验证方法为：根据光纤链路图所列装置为序，选取发送方第一个装置，取下其背板第一根发送光纤，模拟该回路断链，经过一定时间后，通信链路图中的对应回路圆点应由绿色变成红色，重新放上该光纤后，上述圆点又变回绿色。采取同样的方法依次验证发送方装置的所有回路，完成后再选取接收方装置回路依序进行验证。

链路核查过程中，由于同一条光纤回路在发送方和接收方都进行了断链模拟，因此同一个圆点应共出现两次告警，只有在发送方与接收方的两次试验都正确时，才能表明该光纤回路连接无误，且通信链路图告警点位无误。此外，部分合智装置采用 SV 和 GOOSE 报文共口传输的方式，在这种情况下，取下该回路光纤后会在 GOOSE 通信链路图和 SV 通信链路图同时各点亮一个告警，这是因为取下这一个光纤回路相当于同时断开了接收方装置与该发送方装置之间的 GOOSE 虚回路和 SV 虚回路。

第五节　断路器防跳功能验收

"九统一"设计规范、Q/GDW 11486—2022《继电保护及安全自动装置验收规范》等相关规程均推荐采用断路器本体机构防跳回路，而不采用合智装置控制回路中的防跳回路。因此，要求断路器采用机构本体防跳，退出合智装置的防跳功能。

现场验收过程中应进行断路器防跳功能验证，确保断路器机构防跳功能正确投入，合智装置防跳功能已退出。在断路器机构就地进行机构防跳试验，验证机构防跳功能投入且回路正确，在合智装置控制回路进行合智装置防跳试验，验证合智装置确无防跳功能。

一、机构防跳功能投入验证

在进行防跳试验前，应首先完成断路器分合功能试验，在断路器手分（遥分）、手合（遥合）功能正确的基础上进行防跳试验。机构的防跳功能验证必须绕过合智装置的控制回路进行，目前现场需对断路器机构进行合位防跳与分位防跳两项试验内容，其中合位防跳试验能够验证防跳功能与回路的正确性，分位防跳试验能够发现防跳继电器动作时间过长的隐患。

1. 合位防跳试验

合位防跳试验是断路器防跳功能的传统试验方法，基本原理是将断路器合上后，先持续给断路器合闸命令，后持续给跳闸命令，观察断路器分闸后是否再次合闸（弹簧操动机构必须等弹簧储能完成后才能退出分合闸命令）。对于敞开式的断路器机构，可以使用机构端子箱内的分合闸按钮来进行防跳试验：先按住合闸按钮，断路器合闸后再持续按住分闸按钮，断路器分闸一次后应不再合闸。

对于图 5-1 所示的 110kV GIS 断路器，没有独立的分合闸按钮，可采用的验证方式为：将远方/就地切换开关 SA 置于远方位置，使用试验线将控制电源正电持续引至 X1-90 的合闸命令入口，断路器合闸后再将控制电源正电引至 X1-92 的分闸命令入口，断路器分闸一次后不再合闸，表明机构防跳功能和回路正确。

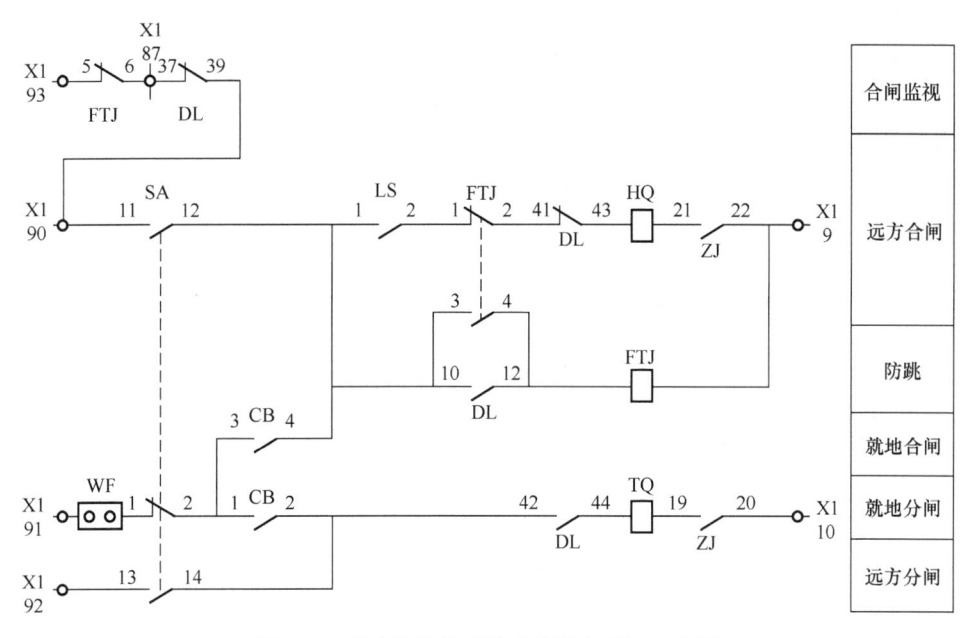

图 5-1 断路器机构防跳功能投入验证示意图

2. 分位防跳试验

根据《国家电网有限公司十八项电网重大反事故措施（2018 年修订版）》要求，必须模拟手合于故障的情况来验证防跳回路功能。当手合断路器于故障时，保护快速动作能够在数十毫秒内发出跳闸命令跳开断路器，而在合位防跳试验中当断路器合闸后，人为再给断路器一个分闸命令至少需要数秒的时间，这相当于合位试验模拟的故障是在断路器合闸数秒后才发生的，与要求的模拟手合于故障的情况存在较大的时间差。

这个时间差最终反应在二次回路上，表现为防跳继电器 FTJ 通电时间的长短：合位防跳试验中，断路器合上后断路器常开接点 DL（10-12）即闭合，FTJ 继电器有至少数秒的得电时间，而该防跳继电器一般启动时间为数十毫秒，已经足够完成启动并通过常开接点FTJ（3-4）形成自保持状态，通过常闭接点FTJ（1-2）切断合闸回路；手合于故障时，断路器合上后又迅速被保护跳开，期间DL（10-12）闭合的时间也只有数十毫秒，这个时间已经足以与防跳继电器的启动时间形成竞争，如果防跳继电器启动时间长于断路器辅助接点闭合的时间，则防跳继电器不能完成启动，就无法切断合闸回路，在持续的合闸命令下断路器将再次合闸。因此，合位防跳试验无法发现防跳继电器动作时间过长的隐患，必须进行分位防跳试验。

分位防跳试验过程为：将远方/就地切换开关SA置于远方位置，使用试验线将控制电源正电引至X1-92的分闸命令入口，再将控制电源正电持续引至X1-90的合闸命令入口，断路器应合闸并分闸一次后不再合闸，表明防跳继电器动作时间满足要求。在上述试验过程中，提前给出了持续的分闸命令，防跳启动回路中的断路器常开接点DL（10-12）仅在断路器合上后的数十毫秒内闭合，模拟的工况比实际故障更为严苛，能够发现防跳继电器动作时间过长的隐患。

二、合智装置防跳功能退出验证

在实际进行断路器分合操作时，断路器的分合闸命令一定是先经过合智装置的控制回路，再经机构控制回路到达机构分合闸线圈的，因此必须在合智装置控制回路之前进行防跳试验，以验证正常运行时上述整个回路的防跳功能正确。在整个控制回路防跳功能正确的基础上，需进一步验证合智装置防跳功能未起作用，才能证明整个回路中起作用的就是断路器机构防跳功能。

在合智装置之前进行合位防跳试验和分位防跳试验的基本方法与机构防跳功能验证时一致，使用智能测试仪时还可以模拟测控装置同时发出分合闸命令，来进行防跳功能验证。在合智装置之前的合位防跳和分位防跳试验均正确后，需验证合智装置防跳功能未起作用，其根本思路是通过测量或观察防跳试验中的不同现象来证明合智装置的合闸回路处于持续导通状态，没有被控制回路中的防跳继电器TBJV常闭接点断开。

以图5-2所示的断路器控制回路为例，防跳试验（分位防跳或合位防跳试验均可）断路器动作完成处于分位后，用万用表测量控制回路合闸出口07电缆的电压，测得正电代表合闸回路导通，没有被TBJV切断，表明合智装置的防跳功能已退出。除了测量合闸电缆电压外，还可以观察断路器的控制回路断线信号。同样在图5-2中，如果合智装置防跳功能已退出，则合闸回路正电通过合闸电缆07进入到机构合闸回路中，启动防跳继电器FTJ，在断开机构合闸回路的同时，合闸监视回路中的 FTJ 常闭接点也会断开，使得 TWJ 失电不动作。由于断路器处于分位，跳闸监视回路中的 HWJ 也不动作，从而导致合智装置生成"控制回路断线"告警。此时退出合闸命令，机构中的防跳继电器 FTJ 将返回，合闸监视回路重新导通，TWJ 带电动作，"控制回路断线"告警信号也将复归。因此，在防跳试验完成，断路器处于分位后，可以观察该断路器是否伴有"控制回路断线"的告警信号，表明合智装置防跳功能已退出。表 5-25 为断路器机构防跳功能试验检查表。

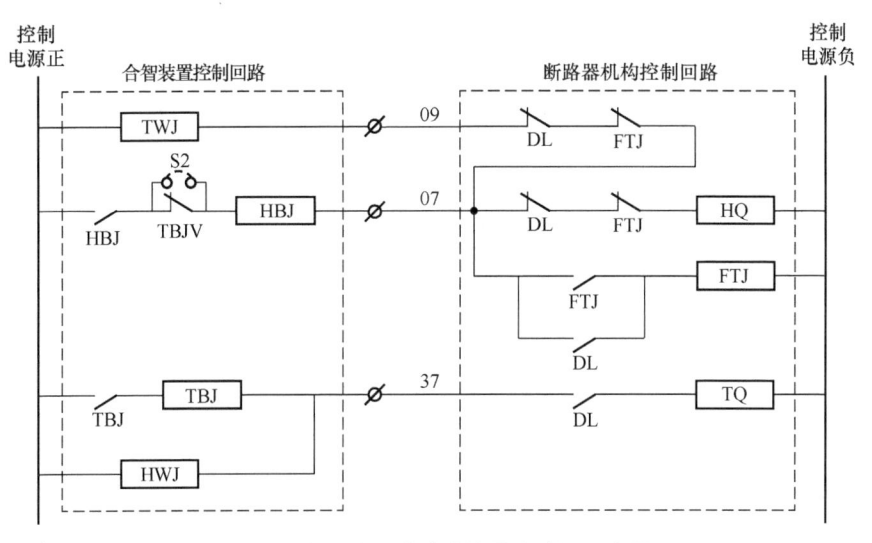

图 5-2 合智装置防跳功能退出验证示意图

表 5-25 断路器机构防跳功能试验检查表

试验步骤	防跳试验	断路器现象	备注
断路器本体机构处	分位试验	合闸一次后分闸不再重合	合闸命令需保持到弹簧储能完成
	合位试验	分闸一次后不重合	
合智装置控制回路前	分位试验	合闸一次后分闸不再重合	1. 合闸出口 07 电缆为正电； 2. 伴随"控制回路断线"告警
	合位试验	分闸一次后不重合	